N文庫

福冈伸一
科学散文集

生命与记忆的矛盾性

[日] 福冈伸一 / 著
柯明 / 译

贵州出版集团
贵州人民出版社

SEIMEI TO KIOKU NO PARADOX Fukuoka Hakase, 66 no Chiisana Hakken
by FUKUOKA Shin-Ichi
Copyright © 2012 FUKUOKA Shin-Ichi
All rights reserved.
Original Japanese edition published by Bungeishunju Ltd., Japan, in 2012.
Simplified Chinese translation © 2024 by Light Reading Culture Media (Beijing) Co., Ltd., under the license granted by FUKUOKA Shin-Ichi, Japan arranged with Bungeishunju Ltd., Japan through TUTTLE-MORI AGENCY, Inc., Japan.

著作权合同登记号 图字：22-2024-023 号

图书在版编目（CIP）数据

生命与记忆的矛盾性：福冈伸一科学散文集 /（日）福冈伸一著；柯明译. -- 贵阳：贵州人民出版社，2024.5
（N 文库）
ISBN 978-7-221-18359-0

Ⅰ．①生… Ⅱ．①福… ②柯… Ⅲ．①记忆 - 普及读物 Ⅳ．① B842.3-49

中国国家版本馆 CIP 数据核字 (2024) 第 100817 号

SHENGMING YU JIYI DE MAODUNXING (FUGANGSHENYI KEXUE SANWENJI)
生命与记忆的矛盾性（福冈伸一科学散文集）

[日]福冈伸一 / 著
柯明 / 译

选题策划	轻读文库	出 版 人	朱文迅
责任编辑	任蕴文	特约编辑	张宝荷

出　版	贵州出版集团　贵州人民出版社
地　址	贵州省贵阳市观山湖区会展东路 SOHO 办公区 A 座
发　行	轻读文化传媒（北京）有限公司
印　刷	北京雅图新世纪印刷科技有限公司
版　次	2024 年 5 月第 1 版
印　次	2024 年 5 月第 1 次印刷
开　本	730 毫米 ×940 毫米　1/32
印　张	7.75
字　数	135 千字
书　号	ISBN 978-7-221-18359-0
定　价	35.00 元

关注轻读

客服咨询

本书若有质量问题，请与本公司图书销售中心联系调换
电话：18610001468
未经许可，不得以任何方式复制或抄袭本书部分或全部内容
© 版权所有，侵权必究

目录

前言 —————————————— 1

博士的记忆 ——————————— 5
　花的语言　　　　　　　　7
　钓鱼塘关门了　　　　　　10
　多摩川的香鱼　　　　　　13
　工蜂是不幸的吗？　　　　16
　霸占澡堂凳子　　　　　　19
　松软的胸罩　　　　　　　22
　博物馆奇妙夜　　　　　　25
　微观动物园　　　　　　　28
　单细胞真厉害！　　　　　31
　梦的续集　　　　　　　　34

博士的旅行 ——————————— 37
　秀吉了不起　　　　　　　39
　苏豪区英雄　　　　　　　42
　变胖容易死？！　　　　　45
　月球的暗面　　　　　　　48
　眺望同一片海　　　　　　51
　最强ID？　　　　　　　　54
　本人证明　　　　　　　　57
　"幽闭"的极限　　　　　　60

博士的进化 ——————————— 69
　谁在选择？　　　　　　　71

相似的理由	74
寄生与共生	77
"退化"即"进化"？！	80
颜色的千姿百态	83
易堵塞体质	86
进化并无目的	89
拉马克的"革命"	92
"隼鸟号"会带来什么？	99

博士的 IT —— 103

谷歌浏览器	105
穆利斯博士和希拉里	108
几百克的书架	110
打破系统的愉悦	113
最近的年轻人啊	116
万事通博士大战超级计算机	119
考试是什么？	122

博士的阅读 —— 125

我、我、我	127
触及源头	130
俄罗斯的村上春树	133
令人怀念的未来	136
男人收集物品的理由	139
"记忆"书店	142
小说之力	145
最不畅销的书	148
书店的乐趣	151
仲夏夜的女王	154
"养动物"的意思	157

我死了会变成什么？	160
无知之知	163

博士的艺术 —— 167

模仿带来的发现	169
婚姻是否需要混乱	172
变革的世纪	175
"怀念的"和"忧伤的"	178
人与动物，何处不同？	181
展示时间	184
我登山的理由	187
地理学家的真身	195
喜欢吃"铁丝"面吗？	198
我们的分歧点	201

博士的自然主义宣言 —— 205

最成功的生物	207
不是环境，而是环世界	210
多样性是为了谁	213
活跃的中国博士后	216
诺贝尔奖难以捉摸	219
蛋白质的大教堂	222
生命的双层膜	225
樱花绽放	228
自然主义宣言	231

后记 —— 235

前言

记忆是一座神秘的螺旋楼梯。

从20世纪80年代末到90年代初期,我在美国进修。因此,我在那里得知了柏林墙的倒塌和海湾战争。日本年号从昭和变为平成,几乎与此同时,泡沫时代宣告结束,我却都未亲身经历过。也就是说,我错过了日本乃至东京最繁华的那段时光,这也是我的心结。

我所在的地方是洛克菲勒大学,这是一所研究机构,也是野口英世曾经待过的地方,安静地坐落在纽约上东区的一角。尽管纽约听起来很光鲜,但我的生活却相当凄惨。作为一名博士后研究员,我不过是被大机构摆布的研究奴隶。

我上课的地点是院内最为老旧的医院大楼,这是一栋红砖砌成的坚固建筑,实验室设在五楼。在那里,我像一块破抹布一样夜以继日地辛勤工作着。英语不好,那就只能靠身体证明自己,必须不断拿出老板所期望的实验数据。

自那以后,已经过去了多少年呢?最近我有机会去纽约旅行,于是决定再次访问洛克菲勒大学。园内新建的高层研究大楼鳞次栉比,风景已经完全变了样。尽管如此,从大门到图书馆前的平缓斜坡,以及右手边那栋陈旧的医院大楼依然保持着我曾经工作时的样貌。

我走进了医院大楼,希望再次看一眼自己曾经待过的实验室。

电梯仍然跟从前一样发出嘎吱嘎吱的声音，缓慢上升。它停在五楼，门打开了，刺眼的灯光照进我的眼帘，就像站久了起身时那样，我感到头晕乎乎的。

二十多年的岁月流逝，楼道里的景象发生了翻天覆地的变化。建筑内部焕然一新：明亮宽敞的走廊，干净的墙壁，整齐时尚的实验台，实验室井井有条。房间布局完全翻新了，不仅如此，建筑物本身也进行了扩建，当初还不存在的新走廊和侧楼现在展现在我的眼前。原本的屋顶部分增建了新的空间，与现有部分相连，整个五楼都经历了彻底的改造。

我所怀念的回忆与眼前的现实毫无交集。曾经待过的那个简陋杂乱的实验室在这层楼的哪个地方，我完全摸不着头脑。正是这点，让我感到头晕目眩。

我记得走廊尽头应该是教授的办公室。透过门上的小窗，可以窥见"老板"总是埋头于桌上堆积如山的文件里，专心地写作直到深夜。走廊上摆满了陈旧的文件柜，里面挤满了被压弯的书籍、杂志和文件。我曾像小白鼠一样匆匆地路过它们，来回穿梭着搬运试剂，一会儿将样本放入冰箱，一会儿又去清洗玻璃器皿。

这些记忆的痕迹早已被清理得一干二净，甚至走廊的位置也完全改变了。走廊的尽头没了房间，地板铺设着整齐的地毯，成为一个高雅的开放空间。一张接待台和几把椅子，靠墙的木制书架上整整齐齐地摆放着红皮书籍。

我环顾四周，想看看是否能找到一些勾起往昔回忆的线索，却一无所获。身穿白大褂的研究人员在实验室的各个角落忙碌着，就像曾经的我一样。然而，对于他们来说，我仿佛是透明的存在一般，完全不被注意。他们没有空暇去顾及访客，既不会向我投来目光，也不会给予丝毫的关注。这里已经不再是我曾经属于过的地方，也不再有这样的可能。即使我能说"我曾在这里工作过"，又有何意义呢？没有任何东西可以证明这一点，与我的记忆相连接的痕迹已经丝毫不剩了。

　　重要的是那种微妙连接的触感。我来到这里，大概就是为了寻找它。

　　无论是哪种文章，每当写作时，我总能感觉到自己在不自觉地寻找那种连接，寻求那种触感。散落的记忆碎片，消失的记忆痕迹。这本随笔集也是为了将一些曾经存在而如今已失去的东西编织在一起而书写的。（后记待续）

博士的记忆

花的语言

福冈博士 我虽然自称是生物学家，但实际上是"昆虫少年"（从小对昆虫充满兴趣的孩子）出身，对植物并不太了解。有时甚至连花坛里种的很普通的花名都叫不出来。"福冈先生，您是专家吧？连这种花您都不知道吗？人们都叫它金鱼草。"如果是薄叶细辛的话，我就能一眼认出来了，那是一种叫作虎凤蝶的蝴蝶的幼虫吃的稀有植物。

养虫子我倒是擅长的（大概让几百只蝴蝶羽化过），但植物却让我相当头疼，一不小心就会因为浇水过多而导致它们死去。

有一年暑假，我从学校带回了一株鸡冠花苗，照顾它是我们的任务。但不知为何，我的幼苗没过多久就枯萎了。我去朋友家时，发现他家院子的花盆里长出了大片的漂亮叶子，令我深受打击。即使是现在，我只要在园艺店的架子上看到像紫苏一样，紫色叶子上长着绿边的鸡冠花，就会感到很心痛。

还有一次，我从一位朋友那里收到了从图坦卡蒙土墓发掘出的豌豆。据说是非常珍贵的东西，呈现出神秘的紫色。要让沉睡了漫长时光的种子发芽，恐怕非常困难。那时，我已经是一名相当合格的研究者，拥有自己的实验室，还有一个叫作超净工作台的特别的空气净化装置。在里面放一个培养皿，从豌豆中取出愈伤组织细胞并在无菌条件下进行培养，我认为是安全可靠的。

所谓愈伤组织，是位于植物的生长点，可以长成叶子、根、茎等各种器官的万能细胞。无法自己移动的植物会在组织的各处培育这种万能细胞。因此，它可以通过扦插或嫁接进行繁殖。

我在显微镜下，剥去豆子的皮，小心翼翼地取出胚胎细胞，将它放在营养培养基上。我屏息观察着细胞分裂的情况。然而，细胞没过多久就无力地枯萎了。我失去了珍贵的种子。

后来听别人说，如果只是将豆子随便地撒在庭院地面上，它们就会茁壮成长，从郁郁葱葱的藤蔓上能收获好多豆子。仔细想想，这也是理所当然的事。据说，图坦卡蒙王的豌豆现在已经在世界各地大量种植，随处可以买到。什么嘛，唉！我连这个都没能好好培育。植物和昆虫的护理方法，肯定从本质上就是不同的吧。

据说爱花的人会一边温柔地对花骨朵轻声细语，一边浇水。然而，无法移动的植物并不具备人类那样的大脑和神经系统来掌管运动和知觉。因此，对它们说话纯粹是人类的自我满足，植物是感觉不到任何东西的。不过也可以这么想，或许它们只是感知不到一般人类的感觉。

例如，可以看到这样的现象：当植物的叶子受到霉菌等病原体的侵袭时，它们会制造防御物质来抵御。令人感到不可思议的是，这时生长在附近的其他植株的叶子也会同时开始产生防御物质。它们究竟是如何察觉到危险的呢？

这些信息本质上可能是通过一种气态的挥发性物质传递的。当叶子受伤时，它会迅速释放这种物质，向周围的同伴发出SOS信号，通过这种方式呼吁大家提高警惕。换句话说，虽然植物不能行动也不能言语，但它们确实拥有自己的沟通方式。

植物在彼此之间，用人类无法听见的声音呐喊着，用人类无法看见的耳朵聆听着。

钓鱼塘关门了

前几天,我偶然走在三轩茶屋的小路上,不禁有些愕然——巷子拐角处的一家钓鱼塘竟然已经关门了。

虽然叫鱼塘,但实际上也不是什么大池塘,只是一个小屋内的设施。虽然我曾是个"昆虫少年",但对昆虫以外的各种生物也充满兴趣,钓鱼也是我喜欢的活动之一。然而在都市里,要找到合适的钓鱼场所颇为不易。除假日以外,我很少有机会出门远行,而且钓鱼还需要各种准备工作。因此,室内的钓鱼塘就成了我身边的游乐场。放学后,空着手就能光顾。不过意外的是,里面的孩子并不多,大多数都是静静握着鱼竿的大叔们。一个叼着烟的男人瞪大了眼睛盯着我,好像我的闯入不合时宜。过去,这样的室内鱼塘比比皆是,但如今却已经消失殆尽了。

我很怀念这个地方,每次来三茶都会顺道去探望一下。拉开玻璃门,走进昏暗的室内,隐约能闻到一股腥味。房间并不大,大概六七平方米,中央有个池塘(说是池塘,更像是澡堂的浴池),水面深黑。池子里游着一些红色或白色的小金鱼。水是为了让人看不到鱼才被故意弄黑的。围绕池子一周有一条狭窄的通道,钓鱼的人按一定的间隔占据了阵地。总有两三个客人比我早来。在入口处的服务台,可以借到短钓竿和装备（鱼钩、线、浮子）。我记得费用是三十分钟五百日元左右。

鱼饵有两种，一种是硬的，一种是软的。软饵装在注射器一样的筒里，稍微挤出来一点，粘在钩上。软饵更容易吸引到鱼，短时间内可以钓到更多，但是饵料在水中很快就会溶化消失。掌握瞄准拉竿的时机很难，所以必须频繁地上饵。如果是初学者，饵料不一会儿就用完了，一条鱼也钓不到。我选择了硬饵，把饵捏成小球，挂在钩上。虽然手指上会沾上一股腥味，但这样可以更从容地钓鱼。

鱼饵沉了下去，浮漂时浮时沉，有动静了。这也被称作"鱼信"，指的是鱼在吃饵时，浮漂上下的抖动。这时候，如果急忙拉竿的话，饵就没了。这种地方的鱼对这种情况都熟悉无比，知道鱼饵挂在鱼钩上，所以极其擅长小心而迅速地偷走鱼饵。因此，掌握时机真是一件难事。旁边的人大概是常客，他驾轻就熟地挥着竿，一条接一条地钓上鱼来。我观察到，他提竿的动作很快，几乎是在投饵的同时就已经把鱼钓上来了，最开始的那一下非常关键。

被咬了几次饵之后，我突然对竿有了手感，也敏锐地觉察到水中的鱼正想要逃跑。这提竿的一下，便是钓鱼的精髓所在。就算是在这样一个小小的鱼塘里，也能体验到这份钓鱼的真味，这也是不同于钓鱼小游戏的地方。竿子一提起来，红色金鱼的鳞片闪闪发光。

时间到了,先来的客人开始离开。前台的小哥麻利地用小网捞起桶里的战果并数了数,鱼又被重新放回到池子中。

要想轻松钓到鱼并非易事。墙上贴着这个月的排行榜,第一名成绩惊人,算下来十秒就能钓上一条。我花三十分钟只能钓到寥寥几条,但已经足够开心了。

我很久没来这家店了,现在看到店面拉上了卷帘门,门上贴着一张纸,写着:"感谢长达四十五年的惠顾。"这家店是从昭和四十年(1965年)开始营业的,一直在这里努力经营了这么长时间。曾经外面太阳高照,而在昏暗的室内默默凝视着深黑水面的大叔们,他们到底是些怎样的人呢?突然间我意识到,自己已经超过了他们当时的年龄。

多摩川的香鱼

我住在多摩川附近,因此经常在周边散步。初夏时节,当俯瞰河面时,会看到一些站在水中挥动长长钓竿的身影,这意味着香鱼的禁渔期结束了。曾经被称作"死河"的多摩川已完全变回了一条清澈的河流,现在更被视为"清流"的代名词,甚至能在其中逐渐看到洄游的香鱼了,而且数量不少,每年都超过百万条。在东急东横线横跨多摩川的铁桥旁有一道矮堤,那里是观察香鱼的理想地点。银色的鱼群逆流而上,一一跃过堤坝,构成了一幅格外壮观的景象。这些香鱼都是在东京湾长大的纯天然幼鱼。加油!

香鱼的生命周期非常奇妙。秋天,出生在河流中游的鱼苗会顺流而下,到达东京湾。这是因为只有海洋里才有适合小鱼生存的浮游生物。换句话说,刚出生时,香鱼小巧的身体就已经具备了同时在淡水和海水中生存的能力。在冬天的海水中长大的幼鱼,会在春天返回多摩川。顺便提一句,琵琶湖产的香鱼为放生的鱼苗,它们不会前往海洋,而是在琵琶湖中成长,因为琵琶湖中也富含如水蚤之类的幼鱼食物。而虽然多摩川的上游也会进行人为放生,但由于不会到东横线的矮堤以下,因此,从下流游回来、试图越过堤坝而上的香鱼都可以说是天然产的。

成年后的香鱼更倾向于食草而不是食肉。它们啃食河床上石头表面的苔藓,并且会为了确保食物而拥有自己的领地。当其他香鱼入侵时,它们会用身体撞击并赶走对方。善于利用香鱼这种强势习性的捕鱼方法被称为"友钓"。

具体来说,就是通过长竿和线巧妙地控制挂在鱼钩上的诱饵鱼进行挑衅,借此将靠近的香鱼钓上来。因此,在友钓者挥起的鱼竿顶端,可以看到有两条香鱼在跳动。这需要非常高超的钓技,工具也非常昂贵,据说竿子就要价数十万日元。

虽说都是钓鱼,但这种方式的门槛很高,是一个对于初学者不太友好的世界。如果像我这样的新手小白一不小心闯入其中,很可能会被立即驱赶出来。换句话说,友钓的钓鱼者本身也已经完全置身于友钓的状态了。

吃了苔藓,肥硕起来的香鱼在秋天会再次下到中游产卵,这与为产卵而从海洋返回河流的鲑鱼等鱼类正好相反。产卵后的香鱼将结束它短暂的一生。从产卵到鱼苗成长的次年五月都是禁渔期。

以前的老照片记录下了来多摩川玩的游客们在河里游泳的悠闲景象。这说明直到昭和三十年代,多摩川仍然足够清澈,能供人游泳。但很快,这番景象就不复存在了。日本的经济高度发展期间,由于人口激增,多摩川沿岸兴建了许多个人住宅和大型团地[1]。生活污水和废水不断涌入河流,多摩川变成了灌满黏糊糊的泥浆、散发恶臭的"死河"。淤积的水域中堆积着发黑的泡沫,这对香鱼来说,绝不是一个能够生存的环境。虽然我也是在团地中长大的,但当我去多摩川附近的朋友家时,还是倍感惊讶,原来在东京还有这么多公厕仍在使用蹲坑。

多摩川逐渐复苏,从社会史的角度来看,一个重要因素是美浓部[2]领导的都政府在财政严重赤字的情况下仍积极地推动环境政策,同时,东京都也彻底进行了大规模的下水道建设。

然而,从生物学的角度来看,多摩川变得清澈的真正原因还是自然自身的恢复能力。无论是废水还是污水,将其中的有机物质分解并还原到自然循环,靠的并不是美浓部的政府,而仅仅是微生物的力量。香鱼们也知道它们可以先藏身在某处,然后静静地等待着总会到来的自然平衡恢复的那一刻。

---

1 日本在20世纪60年代经济发展时期开始建造的大规模集合住宅地,类似中国的小区,但如今演变成为廉价住宅。——译者注(如无特殊说明,本书注释均为译者注。)
2 指日本的经济学家、政治家、教育家美浓部亮吉(1904—1984),曾分别于1967年、1971年、1975年连任第6、7、8届东京都知事。

工蜂是不幸的吗?

天气依然炎热,但抬头望去,天空中布满了细细的鳞云。我在不经意间看了一眼脚下,发现了一只干瘪的黄色蜜蜂的残骸。是因为耗尽了力气掉落在地上的吗?晚上回家的时候,它应该已经被蚂蚁们搬得一干二净了吧。看着这小小生命的残片,我有了一种夏天即将结束的感觉。

小时候,在某个夏末,我发现了一只被蜘蛛网缠住、挣扎不已的蜜蜂。啊,好可怜。想到这里,我立刻走过去用手指把纵向的蛛丝弄断(蛛网上纵向的蛛丝是蜘蛛自己走的通道,所以并不黏),将蜜蜂从网中救了出来。接着,我将蜜蜂放在手心,打算解开缠绕在它身上横向的丝。就在这时,原本温顺的蜜蜂突然狠狠地刺了我手指根一下。一阵剧痛袭来,吓了一跳的我不由得甩开了蜜蜂,哇的一声哭了出来。我的指头迅速红肿起来,而蜜蜂黑色的刺仍然留在了皮肤里。

对蜜蜂来说,刺是最后的手段。用刺蜇人以后,蜜蜂就会死去。我想要拯救蜜蜂,结果却将它逼上了死路。为了拯救生命,却付出了生命的代价,还破坏了蜘蛛好不容易编织的网,夺走了它的猎物。也许,我甚至威胁到了蜘蛛的生命。我到底在干什么?这不过是对大自然随意而无谓的干涉。岂止是干涉,甚至可以说是一种严重的骚扰，乃至犯罪行为。

我轻轻地拔出了扎在手指根部的蜂刺，那里留下了一个红色的小洞和一阵钝痛。蜜蜂的刺由产卵管末端变化而来，与内脏相连。因此，用刺蜇人时，刺被折断，内脏也就被扯断了，体液流出，蜜蜂就死去了。（黄蜂的蜂刺不会断裂，可以多次使用，因此它们不会因为蜇人而死亡。）

外出寻找花朵的时候，被蜘蛛网困住的蜜蜂是工蜂，它们是一辈子都不会产卵的雌性蜜蜂。因此，它们不会使用产卵管来产卵，那只是一根带有毒刺的线而已。工蜂的寿命只有几周，许多工蜂甚至没有使用毒针的机会，生命就这样结束了。然而，正如自己的名字一样，在短暂的几周生命中，它们都在拼命地工作。最初是作为内勤，负责清理巢穴和照顾幼虫，随后被允许外出，成为外勤，四处去寻找花朵，努力采集花蜜和花粉。最后，它们将落到地上，或是成为蜘蛛和蚂蚁的食物。但这是不幸的吗？也许并非如此。

工蜂们表面上看起来是由女王统治的王国中的奴隶，但实际上并非如此，角色分配不过是人类的一厢情愿。蜜蜂王国的主权者实际上是工蜂本身。

蜂后其实算不上什么"王后"，而是被困在巢穴深处的产卵机器。如果有需要的话，工蜂会杀死蜂后，再制造新的蜂后。

为数不多的雄蜂同样也在工蜂的支配下，被利用完后甚至连食物都得不到就被抛弃。只有工蜂能够享受到良好的饮食，获取丰富的知识，感受到劳动的快乐，体验到世界的辽阔和富饶，然后享尽天年，寿终正寝。它们把痛苦的产卵任务也委托给了其他人。工蜂才是充分享受时间、讴歌生命的一方。

还有一件我小时候没有意识到的事情。珍惜自然或维护生物多样性，并不意味着要拯救注定要死亡的事物。死亡是自然的一部分，也是生命本身的一部分。直到现在，我才明白这一点。

霸占澡堂凳子

某个休息日，正值宜人微风拂过的黄昏时分，我久违地去了附近的钱汤[3]。曾经在这一带的寿汤、玉川汤早已不复存在，如今变成了公寓和停车场。我虽然想回忆一下当年的情景，却已经记忆模糊。那时，屋顶对面是不是有一根高高的烟囱来着？

无奈之下，我只好前往稍远的阿见汤。向柜台值班的大婶付了钱，我走进了铺着木地板的更衣室。今天似乎格外冷清。我哗啦一下拉开玻璃门，里面热气腾腾。突然间，我却发现平时堆放在入口处的凳子不见了[4]。奇怪，这是怎么回事？我绕到洗澡区一看，吓了一跳。里面居然有一个人霸占了所有的凳子。喂喂，一个人把澡堂的凳子全霸占了，你这人是怎么一回事啊？！

"霸，占，澡，堂，凳，子。"[5]认真地读到这里的读者，我要向你们说一声抱歉。确实有过这么一个温馨的黄昏时刻，但这句咒语，实际上是我们学生物学的人用来记住必需氨基酸的必背口诀，由构成蛋白质的二十种氨基酸中的九种——苯丙氨酸（F）、亮氨酸（Ro）、缬氨酸（Ba）、异亮氨酸（I）、苏氨酸（Su）、组

---

3 日本的公共澡堂。
4 在日本的澡堂，人们会先坐在矮凳上淋浴，然后进入浴池泡澡。
5 其日语罗马音为FUROBA-ISU-HITORIJIME。

氨酸（Hi）、色氨酸（To）、赖氨酸（Riji）和甲硫氨酸（Me）的首字音拼合而成。人体无法自行合成这九种氨基酸，因此必须通过食物从外部摄入，这些必需氨基酸经常出现在生物学和营养学的考试中。

其中，苯丙氨酸和色氨酸是传递神经信号的重要物质，也是多巴胺、血清素和褪黑素的原料；赖氨酸则是为数不多能为蛋白质提供正电荷的氨基酸之一；甲硫氨酸则是蛋白质合成开始的信号（所以所有蛋白质的开头都是甲硫氨酸）。这些重要的氨基酸无法由人类自己合成，相比之下，比人类古老得多的微生物却几乎能够自己合成所有氨基酸，植物也是如此。

不仅是人类，动物也必须通过食物摄入各自所需的必需氨基酸。为什么我们会失去合成氨基酸这种重要的能力呢？动物曾经是拥有过这种能力的，而后在进化过程中选择放弃了它们。

是因为食物中含有大量氨基酸，所以不需要自己去合成吗？这个解释乍一看很合理，但实际上并非如此。在进化的过程中，失去或放弃某种特性都需要有积极的理由，否则它就不会在淘汰进程中被选中。

而且，动物无法合成的，恰恰是那些在自然界中并不丰富的氨基酸。尤其是特别重要的那些，动物反倒合成不出来。

无法合成特定的重要氨基酸对生物有什么"好处"呢？尽管我们被要求背诵必需氨基酸，但教科书却没有解释它们为何必需，这反映了学校教育的局限性。明明可以通过提出一个又一个假设来让生物学变得更有趣的。

我是这样想的，当某种氨基酸成为生命所必需的那一刻，生物就开始了"动物"的旅程。它们探索、追逐、获取食物，这是所有行为的原型。必需氨基酸的出现激发了生物的自主移动能力，使得能够主动行动的生物被选拔出来，这为生命带来了进一步的发展机遇。视觉、嗅觉和味觉，难道不正是在这个过程中形成的吗？无法自行合成必需氨基酸，也就意味着"渴望"，在生命的进化中，就这么突如其来地成为闪闪发光的关键。

松软的胸罩

水兵之爱，我的船[6]……你听过这种谐音梗吗？这其实是一种化学元素的记忆方法。将元素按照从轻到重的顺序排列，从H（氢）开始，然后是He（氦）、Li（锂）、Be（铍）、B（硼）、C（碳）、N（氮）、O（氧）、F（氟）、Ne（氖）。

"Liebe"在德语中是"爱"的意思，但不知道为什么会出现在这里面。几乎人人在学校时都听过这个谐音梗，年代已经相当久远了，可以说是家喻户晓。（这么说可能有点夸张。）

这种方法当然是日本独有的。很久以前，我在美国做研究的时候，曾经问过来自各国的朋友："你们有类似的记忆方法吗？"但他们都反应淡淡。我觉得，这可能也是一种相当美妙的语言文化吧。

还有一个例子："妇产医，去国外，产后产妇无病灾，向神社报告，虫子暗中叫，弥生末七日，清晨六点钟，经过茅草门，送进小屋里……"

这实际上是在背圆周率，明明省略成3就好了嘛。

"水兵之爱，我的船"之后的内容有好几个版本，也许是时代变化和地域差异造成的。一般的说法是

6　"水兵"的日语发音为"SUIHE"，HE对应He（氦），德语的"爱"（Liebe）对应Li（锂）和Be（铍），英语的"船"（Boat）对应B（硼）。

"转弯、轮船和店员……"然后还有"对了,还有时间,我们有缘去赛车,我才不要借你呢……"这种无赖版本。

通过这种方法,我们就可以把地球上存在的二十多个元素全部背下来了。不过实际上,元素只有列在元素周期表中的时候才有意义。Li、Be、B、C、N、O、F、Ne 这八个排成一行就结束了,接下来的八个 Na、Mg、Al、Si、P、S、Cl、Ar 则写在下一行。

重要的是写成这样一行行时的纵列。纵列中的元素性质相似,这是化学的基本原则。比如,Li(锂)和 Na(钠)、C(碳)和 Si(硅)性质相似。(地球上的生物由碳组成,而宇宙中则可能存在由硅构成的生物。)换句话说,按照重量的顺序换行书写元素,具有相似性质的元素就会周期性地重复出现。

举个例子,我们来看看 F(氟)的纵列:Cl(氯)、Br(溴)、I(碘)、At(砹)。它们是卤素大家族,很容易成为负离子,并参与各种反应。

因此,对理科考试来说,记住元素周期表的纵列比较重要,为此也有各种谐音的口诀。我所知道的 F 那一列是:"松软(日文发音近似'FUCULA')的胸罩(Brassiere)在我(I)身上贴住(日文发音为'ATETE')。"不知道为什么,纵列背诵法里总有很多出格的东西。F 旁边的一列是"因为稚嫩的感情而害羞"。如果只介绍这些内容,本文的篇幅很快就会用尽,这其中恐怕包含了考生们被压抑的郁闷吧。

那么,元素为什么会具有周期性呢?

元素由中心的原子核和围绕其运动的电子组成,就像太阳系一样。

每个电子都有自己的轨道。内侧的轨道如果满了,就会进入外侧的轨道。比如,碳元素最外层的轨道上有4个电子,而硅元素的这层轨道上充满了电子,在更外侧的轨道上还有4个电子。如果外层轨道的电子数相同,元素的性质也会相似。这就是元素周期性的来源。

这种周期性后来成为研究元素内部结构的关键,然而,最早注意到这种周期性的俄罗斯科学家门捷列夫却遗憾地与诺贝尔奖失之交臂。

不知是不是这个原因,他酷爱伏特加,后来将伏特加的酒精浓度规定为40%。

博物馆奇妙夜

"博物馆将在十分钟后闭馆。"广播声在馆内响起。如果我就这样躲在厕所的储物间里,屏息静气的话,谁也不会发现我。马上博物馆大门和各个区域的门就会关闭,工作人员在巡视一圈后,将馆内的灯熄灭。这时候我就悄悄溜出厕所。这样一来,我就可以独自一人在空无一人的博物馆里,独享广阔空间中的展品,尽情地欣赏,不受任何干扰。为此,我还特地带上了手电筒。

少年时代,热衷去上野国立科学博物馆观看昆虫和动物标本的我常常在脑中幻想这个场景。不过,这里也有猎首族干枯的头颅和木乃伊之类的展品,一想到要在深夜走近博物馆的那块区域,我就感到毛骨悚然。这一定是因为我读 E. L. 柯尼斯柏格的《天使雕像》读得过于入迷了。这是关于一个女孩和她弟弟偷偷潜入纽约大都会艺术博物馆的冒险故事。

上年纪也并不都是坏事。我终于如愿以偿,获得许可在夜间进入国立科学博物馆。话虽如此,但并非只有我一个人潜身于黑暗之中。我在该馆举办的"大哺乳动物展:陆地上的伙伴"的特别夜间导览中受托担任领队。参加此次导览的有数十组通过网上报名的亲子,孩子们的眼睛因为好奇而闪闪发光。毕竟,这是在博物馆闭馆后为他们特别开放的活动。

国立科学博物馆收藏的精美标本、骨骼，以及真正的象鼻福尔马林标本，都在这里精心展出，还设计了只要站在某个地方，所有的鹿类都会齐刷刷注视着这边的视线焦点。而且，可以实地触摸动物的毛皮。我告诉孩子们，这座博物馆曾经是我的游乐场，还讲了自己曾以为抓到了新品种的昆虫，让博物馆方进行"鉴定"的故事（当然不是新品种），也向孩子们进行了提问："什么是哺乳动物？"

手一只接一只地举了起来。"有毛！""能生孩子！""喂奶！"

"你知道它们是多久前出现的吗？"

"我知道，是六亿年前！"（这个有点太早了，实际上是两亿年前左右。）

"长颈鹿也好，猫也好，人也好，大家脖子上骨头的数量是一样的，那么有几块呢？"

"七块！"

"你懂得真多啊。"

福冈博士我虽说是生物学家，但研究对象是微观世界中的细胞和基因等。来自博物馆的川田伸一郎先生也参加了这次导览。他是这次"大哺乳动物展"的策划者之一。"大家觉得，川田博士是什么博士？"

这个显然就难猜了。川田博士是日本为数不多的鼹鼠专家之一。鼹鼠能在地下挖掘长长的隧道，以惊人的速度前进和后退。不过，正因为生活在漆黑的地下，鼹鼠的生态仍然有许多未知之处。比方说，雄鼹鼠和雌鼹鼠是如何相遇的呢？鼹鼠也没有在人工饲养环境下成功繁殖过。顺便说一下，观察鼹鼠的方法是用金属网制作细长的管道并连接起来，形成一个空中走廊，然后在那里饲养。

我又向孩子们提问："你们觉得怎么样才能捉到鼹鼠呢？""嗯……在洞里设下陷阱，放上蚯蚓引诱它过来。""原来如此，真是好主意。"实际上，研究就是这样反复试错和不断创新的过程。不愧是特意来夜游的孩子们，大家都有望成为未来的生物学家。川田先生本是一家干洗店老板的儿子，却在偶然间对鼹鼠产生了兴趣，最终成了一名鼹鼠专家。他的个人故事非常有意思（详见《鼹鼠博士的鼹鼠故事》，岩波青少年新书）。

"陆地上的伙伴"结束后，接下来是"海洋中的伙伴"（"大型哺乳动物展"于2010年3月至9月举办），人类很需要向自古以来生存至今的哺乳动物前辈学习。

微观动物园

在绵矢莉莎获芥川奖的《欠踹的背影》(河出文库)一书中，开头的场景是一群高中生聚集在理科教室里用显微镜观察。他们观察的是水蕴草的叶绿体。小说主人公在心里嘀咕："你们这些人啊，看到微生物一副兴奋的样子（苦笑），我才不会呢，毕竟我都已经是高中生了。"

虽然作品中的"我"摆出一副高冷的样子，但实际上，作者绵矢女士本身应该是非常喜欢生物学的。她竟然把"水蕴草"这样的名字记得如此清楚，而且在另一部作品《放肆地颤抖吧》(文春文库)中，她也对因不畏惧人类而被滥捕、最终灭绝的巨型白令海牛寄予了深切的同情。

水蕴草是淡水藻类，极薄的透明细胞排列在一起，所以内部清晰可见。细胞内有许多椭圆形的绿色颗粒，即叶绿体。通过显微镜观察，可以看到叶绿体微微振动，在细胞内部不停地移动。这并非叶绿体的自主移动，而是由于细胞内充满被称为"原生质"的凝胶状液体在不停地流动。而且，也不是液体发生了对流，而是遍布细胞内部微小的梁或绳索一样的结构（细胞骨架），像传送带一样运动，使细胞内的营养、氧气或叶绿体循环。通过这种现象，我们可以极为直观地理解"生命在于运动"这句话。

你知道吗，有这样一种动物园，它将微观生物聚集在一起，让很久没有看过显微镜的大人都兴奋地看个不停。位于山口县的岩国市立微观生物馆就是这样的设施。前些天我比较空闲，于是过去了一趟。这里曾是当地海鲜市场的一角，如今，展示空间里摆放着一排排显微镜，每一台都展现出一个微型的宇宙。新月藻、栅藻、硅藻、盘星藻，每一种在显微镜下看起来都像是平面艺术。此外，还有展示展板和视频。这一切都是馆长末友靖隆先生努力的成果。他在神户大学获得博士学位后通过公开招聘担任了这里的馆长。他打心底热爱微生物，年纪才三十岁出头。正是这样的博士培养着孩子们的好奇心。

前面提到了"动物园"，但在微观生物的世界里，动物和植物的界限其实很模糊。照理说植物应该是不会动的，但在绿色微生物中，有些却能摆动纤毛或鞭毛自由自在地游动。而有些单细胞生物，理论上没有头部和嘴巴，但也能对和自己差不多大小的猎物如猛兽般扑过去（身体的一部分像嘴巴一样呈U形），左右摇晃"头部"激烈地吞食，好像都能看到散落四周的残渣。最终它会把猎物吃得一丁二净，什么也不留下。

最令我感到惊奇的是阿米巴虫的影像。当在迪道上放置障碍物时，阿米巴虫会兵分两路，呈"コ"字形前进。其行进正是由原生质的流动驱动。我们可以看到细胞内的小颗粒以惊人的速度展开，而就当你觉得它们即将一分为二的时候,其中一部分会突然掉头,与另一部分重新会合,仿佛在思考下一步该怎么走,然后做出了判断。这些场景拍摄得相当精彩。

在我们多细胞生物进化的过程中,单细胞生物也完成了自己独特的进化。要评判哪个更高级,哪个更低级,这并非一件易事。岩国市能够公开运营这样一座有趣的生物馆,实在是了不起。

单细胞真厉害！

人类是由大约60万亿个细胞构成的多细胞生物。那么，像大肠杆菌这样的细菌呢？

大肠杆菌也是由细胞构成的，只不过，它是仅由一个细胞组成的单细胞生物。

"这个单细胞蠢货！"有时候人们会用这话骂人，但对于大肠杆菌来说是极为不尊重的。它们比人类想象的更灵活、更善于思考，而且充满生命力。尤其厉害的是繁殖速度。在温度、营养和氧气条件齐全的情况下，大肠杆菌可以在20分钟内繁殖一倍。因此，仅需一天，它们就能够迅速达到亿甚至万亿的数量。相比之下，人类需要280天才能从一个细胞（受精卵）成长为婴儿，然后还需要许多年才能发育成为成年人。在此期间，细胞需要一直不断地增殖。

对了，你知道多细胞生物的细胞和单细胞生物的细胞相比，哪个更大，有多大区别吗？总感觉数量越多的话，细胞越该是一粒一粒小巧玲珑的样子，对不对？但其实一般来说，多细胞生物的细胞要比单细胞生物的细胞大得多。

为了让我教的生命科学专业的学生更好地理解这种生命中的大小和时间的尺度，我一定会让他们进行显微镜的实际操作和大肠杆菌培养实验。近年来，很多小学、初中、高中的学生都没有实际接触过显微镜。更有甚者，没有好好学习生物学知识就进入了大学学习生命科学相关专业的学生也不在少数。对此，我们大学教师也负有很大的责任。因为很多大学（尤其是私立学校）只将物理和化学或其中一门科目列为入学考试科目。

因此，实际经验和亲身感受变得更为重要。只要有一台马马虎虎的显微镜，用大约100到200倍的放大倍率，就足够将人类或动物的细胞看得十分清楚。不同的器官和组织有着不同的外观，就像平面艺术品一样美丽。胰脏细胞的形状如同散落的樱花花瓣，中间漂浮着朗格汉斯岛，肝脏细胞则像是铺满了细密的马赛克瓷砖，仔细一看，这些瓷砖还是不同的种类……每个细胞的直径都在30微米左右，相当于1毫米的1/30。当然，以肉眼的分辨率是看不见的。相比之下，大肠杆菌比它们还要小。如果说动物细胞是足球的话，大肠杆菌就相当于一颗弹珠。

但是，我们可以通过眼睛"看到"大肠杆菌的生命力。只需要在透明的营养液中放入一点点大肠杆菌，放置一会儿后，液体马上就会变得浑浊起来。或者，在培养皿上铺上含有营养成分的琼脂，再把稀释后的大肠杆菌液涂抹在上面。一个个大肠杆菌孤独地散布在琼脂上，当然我们是看不见的，但很快它们就开始繁殖了。2、4、8、16倍……不断增加，在原来的位置会形成大肠杆菌的"山丘"。肉眼看起来，像是闪着白光的漂亮颗粒。数一数颗粒,就能知道大肠杆菌的数量。我们的手到底有多脏?大肠杆菌喜欢什么样的营养?冰箱环境如何影响大肠杆菌的繁殖速度?这些都可以作为一个个暑期自由研究的小课题。

市面上有各种各样的仪器和试剂,任何人都能毫不费力地买到。就连往圆形培养皿上均匀涂抹菌液所需要的旋转台和特殊的玻璃棒都有。我还是学生的时候,大家总是戏称那个台子为"旋转床"。现在,如果使用这种说法的话可能会被视作对学生的骚扰,所以上课时我始终都保持着一脸严肃。话说回来,"旋转床"这种东西现在早就没有了吧?

梦的续集

乘坐时死亡风险最高的交通工具是什么？不是汽车，也不是飞机，更不是高铁。答案是床。虽然有点黑色幽默，但人的一生有将近三分之一的时间是在床上度过的，很多情况下，也是在床上死去的。

人一旦上了年纪，就会感觉到体力逐渐衰退，就连睡眠力也会减弱。年轻的时候，能像一摊烂泥一样一连睡上好多个小时。看书看到凌晨，在不知不觉中睡着，突然醒来时看到外面天光微明，但不知是当天的傍晚还是次日的清晨，连今天是哪一天都一头雾水。现在回想起来，那是拥有无限时间与自由的时代独属的悠闲回忆。

而如今完全相反，上了床也很难入睡，好不容易睡着，马上又醒来。看看表，离睡下还没过一会儿。可是，再想睡的时候却无比清醒。这状态别说烂泥了，连浅浅的水洼都算不上。如此短暂的睡眠并不管用，到了下午的时候，困意就会猛烈地袭来。

因此，我从很久以前就开始研究安眠的方法。首先是"交通工具"——床。床的样式多种多样，价格也参差不齐。弹簧床、慢回弹海绵、水床……弹簧床还分连接型的邦尼尔式和独立袋装式，弹簧的粗细和长度也很重要。我还养成了习惯，出差住酒店时如果觉得睡得舒服的话，就会去查看一下床的生产厂家。

喜好因人而异，我喜欢能分散体重、翻身时尽量不摇晃的软床。经过了各种对比和研究，我决定选择排列了许多长的袋装弹簧的类型，并将它放置在另一张底座床垫上，做成双层垫子，这种方式具有相当出色的柔软度。虽然价格不菲，但考虑到睡眠时间在人生中占据的比例，我认为这钱花得挺值的。

那么，睡眠对生物到底有什么意义呢？想想我们出生的时候睡眠被设置为怎样的形态就知道了。

在胎儿的大脑正在发育的时期，如果测量脑电图，会发现大脑几乎100%处于睡眠状态。但这并不是完全静止。这个时候是主动睡眠，神经细胞在铺设电路，建立突触连接，积极地进行活动。在那之后，大脑会逐渐呈现出清醒的状态。换句话说，人并不是先有清醒再睡觉，而是先有睡眠，然后才有清醒的。睡眠是为了接纳这个世界而做的准备工作。

胎儿的睡眠在我们身上也存在，它被称为快速眼动睡眠（REM睡眠），人处于做梦的状态。神经在阻断外界输入的同时，会自发地传递电信号，进行调整、修复、提取离子等活动，这带来了"梦"。睡眠就像是为了发电而进行的抽水蓄能工作。当你深夜突然醒来后很难再入睡时，可以尝试一个神奇的方法，那就是闭上眼睛，努力续写之前做的梦。由于清醒发生在快速眼动睡眠之后，所以想象梦的续集会引导你的意识再度进入快速眼动睡眠。

尽管如此,随着年龄的增长,睡眠时间的总量总是越来越少的,人也不经常做梦了。也许大脑已经不再需要那么多抽水工作了吧。唯一可以确定的一点是,从梦中醒来后,我已经不再做梦的续集了。

博士的
旅行

秀吉了不起

听说在大阪的市中心,谷町四丁目地铁站附近有个有趣的景点,我决定去看看。在面向小学的街头一角有一扇观察窗。透过玻璃往里看,可以看到在幽暗的地下,有一条两边堆着大石头的旧水沟。沟里的浑水滔滔流淌着,看不清深处是什么样子,味道有点臭。这就是太阁下水渠。据说这是丰臣秀吉在建造大阪城时修建的"背割下水渠"的原型,经过后来的整修,至今仍然作为下水道正常使用着。

秀吉于1583年开始在大阪筑城。随着大阪城的建设,城下町[7]也逐渐成型。以通往大阪城的东西道路为轴,形成了一个棋盘状的区域,町屋面向道路而建。家家户户排出的生活废水和污水,通过町屋背后一排排的下水沟流走,这就是"背割"的由来。在大阪城中,道路的两侧是人们交流的基本空间。其背面,下水沟与下水沟之间的区域(与40间房屋差不多宽,约72米)构成一个"町内"。换句话说,道路并不是将人们隔开,而是作为连接人们的界面发挥作用。

与此相对,在像现代东京这样的都市中,由道路围成的区域使用"几町、几丁目、几番"这样的地址基本单位。道路不是连接人们,而是作为隔开人们的

---

7 城下町是日本的一种城市建设形式,以领主居住的城堡为核心来建立城市,可理解为城堡周围的居民区。

界面存在。说起来，在外国的城市中，街道的名称通常就是地址，很多时候路的这边是偶数号，那边是奇数号。相比之下，道路还是作为连接路两旁的存在更加自然。

然而，至于在道路之下的下水道，外国的大城市与大阪相比则要落后得多。

1854年夏天，伦敦的平民区苏豪地区暴发霍乱。患上霍乱会导致每天数十次的呕吐和类似淘米水一般的剧烈腹泻，人体迅速脱水，出现痉挛、虚脱，最终导致死亡。

在短短几天内，死亡人数迅速扩大到数百人，人们束手无策。有人说这是魔鬼在作祟，有人说这是瘴气（也就是恶劣空气）导致的。这件事发生在霍乱病菌被发现很久之前。

后来查明的污染源在人们意想不到的地方，竟然是该区居民共同使用的公用井水。为什么呢？当时的伦敦没有像样的下水道，人们将排泄物积存在桶里，随意倾倒在路边，或者倒进地下室角落的污水池里，就那么放着。街上到处都是污秽的恶臭，人们从没想过能像今天这样在泰晤士河沿岸吹着风散步。就这样，污物中的霍乱病菌透过地下室砖块的裂缝混进了井水中。

当时伦敦已经拥有三百万人口，在经历了这样悲惨的事件之后才终于开始着手进行大规模的下水道建设。科赫发现导致疾病的霍乱病菌要到更久之后,是快要进入20世纪的时候。

如此看来,大阪在秀吉时代就已经在城市规划中考虑到了下水道的重要性,可以说是一个非常先进的都市了。在街道上,道路两旁,相邻和对面区域之间的交流产生了相互作用。而在城市的背后,相邻区域之间共享着下水道的流通,尽可能地保持清洁,也因此形成了相互作用。在内部和外部之间,通过和谐的合作形成了城市的功能。在环境问题上,最重要的是不阻碍动态流动,保持平衡。自古以来,日本人对环保的重视令我感到非常佩服。

苏豪区英雄

在不久前的夏天，我去了伦敦，决定造访苏豪区的布罗德街。历史上，这里曾是豪华联排别墅林立的高级住宅区，然而随着时间的推移，上流阶级逐渐逃离了这里的喧闹，向西迁移。

19世纪，随着城市工业化的发展，各种人群涌入这里。老旧的联排别墅被分层租出，建筑物后面的中庭变成了堆放杂物的地方和马厩，以及前面写到过的臭气熏天的垃圾污水处理场。

1854年夏天，一场重大事件发生了。霍乱大暴发，人们一个接一个地患病倒下，甚至棺材都不够用了。在这个时刻，有一个人挺身而出，帮助惊慌失措的人们。他查明霍乱的源头是位于布罗德街上的公共水井，于是立即折断了水泵柄并禁止人们继续使用。他就是约翰·斯诺，被誉为"流行病学之父"，医学和生物学的教科书上一定会出现他的名字。而流行病学，就像是所谓的科学侦探。

我的座右铭也是："调查、亲自走访、核实、再调查、思考可能性、实验、回忆失落的拼图。侧耳倾听、凝神注视、吹吹冷风。"

因此，我无论如何都想去看看"斯诺的井"。在那个年代，人们还完全不知道霍乱是通过被霍乱病菌污染的污物或呕吐物引起的口传染病。人们相信这是一种看不见的恶魔的邪气,在那个创纪录的酷热夏天侵袭了苏豪区闭塞的空气。人们陷入了恐惧的深渊。

作为一名医生,斯诺冷静地思考着。如果真是邪气之类的东西引起的,那么应该是积聚浓度最高的地方出现最多的患者。他走街串巷地搜集信息,制作了一张详细记录患者出现日期与数量的地图。接着,他注意到了一个奇特的"例外",位于霍乱暴发地区正中心的啤酒厂竟然没有一个员工死亡。他前往工厂进行了走访调查,发现啤酒厂有自己的水井,老板说:"我们这儿的人从不喝水,啤酒就是我们的水。"

斯诺还发现了另一个"例外"。住在郊外、在苏豪有朋友的一家人也发病了。他们曾收到朋友带来的特产:苏豪井水,以绝佳的味道闻名。疾病在该发生的地方没有发生,却在不该发生的地方发生了,关键的共同点只有一个,那就是饮用水。不是邪气,而是有什么东西在通过井水传播。原来,水井是被邻家地下污水池渗漏的污水给污染了。

布罗德大街位于皮卡迪利圆环站的北侧,现在是伦敦最繁华的一条街道。明亮而华丽的橱窗林立,当时的城市面貌已一无所见。当然,更看不到什么井了。我突然瞥见旁边的墙上嵌着一块小牌子,那是对约翰·斯诺的纪念。根据上面的信息显示,水井曾位于人行道边沿的一块红色石头附近。我环顾四周,看见转角的酒吧名叫"约翰·斯诺"。我走了进去,里面都是年轻人,人头攒动,热闹非凡。我向调酒的女孩询问酒吧名字的由来,她用英语飞快地回答:"哦?是因为什么呢?就是个名字而已吧。对了,你是学者什么的吗?我们这里有留名簿,签个名吧?"

她说着,从架子下面抽出了一本黑色的册子,上面写着很多人的名字。斯诺确实是个英雄。我也在留名簿上写下了自己的名字,然后点了一杯啤酒。走出酒吧后,我用手轻轻摸了摸那块红色的石头。

变胖容易死？！

厚生劳动省研究组的调查显示，中年后体重增加5公斤以上的人，之后的死亡风险会明显提高（参照2010年3月日本国立国际医疗研究中心发表的数据）。该调查以居住在日本10个都道府县的约8万名年龄在40岁至69岁的男女为对象，观察他们5年内体重的变化，并追踪他们大约9年后的生存状况。结果显示，体重增加5公斤以上的人与体重变化较小的人（体重变化在2.4公斤以内）相比，死亡风险高出1.3倍。完蛋了。

我在上大学之前是个瘦子，在体检时，甚至被别人惊讶地评为"瘦得跟粉红淑女[8]一样"！但之后，我的体重就在一点一点地增加，现在我已经变得圆滚滚的了。

猛然变瘦的人也要注意。结果显示，5年内体重减轻5公斤以上的人与体重没有减轻的人相比，男性和女性的死亡风险分别增加1.4倍和1.7倍。

听到这样的调查结果，我们很想立马就知道其中的原因。突然变胖可能会给身体的代谢功能带来负担，缩短寿命，又或者，还是突然变瘦对身体来说更不利？等等。

这种通过大规模调查来探究事物成因的研究被称

8　Pink Lady（粉红淑女）是日本二人女子流行乐团体，活跃于20世纪70年代末至80年代初。

为"流行病学"。喝茶多的地区的人不容易得癌症，战后心血管疾病的增加与脂肪摄入量增加有关等假设都是基于流行病学的数据得出的。

大规模的流行病学调查有时会发现隐藏的关联，但另一方面，在解释流行病学数据时，也有需要注意的地方。那就是，通过流行病学所发现的只是相关性，而不是因果关系。现象A随现象B出现，但那只是表面上看起来如此（相关性），并不意味着A一定是B的诱因（因果关系），就是这么一回事。战后，心血管疾病确实是增加了，但同样增加的还有很多其他的因素，例如电视的普及率、私家车的拥有量、高中升学率、袜子的松紧度（这个话题好老啊）……增加的事物之间确实存在着某种相关性。

此外，A和B之间的相关性也可能并不是因为A导致了B，可能正好相反。体重的增减并不一定影响随后的寿命，反而可能是因为患病导致了体重的减轻或增加，进而导致死亡。当然，为了避免落入这样的陷阱，现代的流行病学调查在选择样本时会格外注意。在调查体重时，应该会先确认调查对象没有患上癌症或循环系统疾病等，排除因疾病直接导致体重增减的情况。

癌症发病率低的地区的人可能不光是喝茶多，可能酸奶也喝得多。

可能是因为气候温暖，可能是因为税金便宜。因此,在这种调查中,我们会采用只有关注因素(如饮茶量)不同,而其他因素尽可能保持一致的样本(称作队列)进行分析。不过,在饮食习惯方面要保证队列的一致性是很难的。无论如何,流行病学所能揭示的,仅仅是相关性的程度。

没有人会认为高中升学率的提高与疾病增加相关,但如果是饮食习惯与疾病的话,人们就会很容易认为两者之间存在因果关系。事实上,我们人类所患的疾病当中最需要注意的,是一种将原本毫无关系的现象A和现象B不自觉地用因果关系联系起来,名为"关联妄想"的疾病。

月球的暗面

这是我在欧洲旅行时的一次经历。我发现了一家氛围神秘的古董店,小心翼翼地走进去,感受到店里飘浮着一股怀旧的气息。各种古老的望远镜、地图和测量用具之类的摆得满满当当,货架上也堆放着各种各样的物品。

我抬头望去,看见高处摆着一个大小如排球一般的球体,接近淡绿色的奶油色,带有一个轴,将它固定在弓形支架上便可以旋转。它看起来有点像个地球仪,但又明显不是。球体表面光滑,并没有大陆或海洋的标记。我朝店内深处望去,看到店主正一脸为难地盯着我这个陌生客人,我们四目相对。于是,我请求他将那个球从货架上取下来。

原来是月球。那是一个月球仪,用精细的字体绘制出了一个个大小不一的陨石坑,并标注了名称。月球表面确实没有蓝色的大海,只有一片在寂静中展开的平原。那就是月球的海啊。在得到店主的允许后,我试着慢慢转动那个球体。转啊转啊转,一圈之后,我心满意足地停下了手。这时,一直沉默寡言的店主突然露出笑容,用英语说:"很棒吧?很有趣吧?没错,当时人类对月球背面一无所知。"月球仪上有一部分,大约占据了整个球体的六分之一,完全是空白的。这也正是它作为古董的价值所在。它展示了人类渐进式获取知识过程当中的一个横截面,也是历史的珍贵证据。在月球仪的一角还标有制作年份:1959年,就是我出生的那一年。

众所周知,月球围绕地球旋转时,始终以同一面朝向地球,就像是投掷链球时的铁球一样。因此,不管是"兔子捣年糕",还是"螃蟹走路",我们看到的都是同一个表面。月有阴晴圆缺,一部分图案会暂时隐藏起来,但月球的背面却永远对我们不可见。

直到20世纪60年代中期,无人月球轨道飞行器"月球轨道器"成功绕月飞行并拍下照片,人类才第一次明确了月球背面的情况。令人惊讶的是,与正面广阔的平原不同,月球背面是高山与深谷连绵不断的一番景象,险峻而荒凉。其中有一座山比珠穆朗玛峰还高,火山口深达9000米。后来,阿波罗11号选择了月球正面的平地"宁静之海"作为着陆点。

日本于2007年发射了绕月卫星"辉夜号[9]",以10m分辨率的立体图像拍摄了月球的月面地形图,甚至还拍摄到了位于月球南极点上的巨大陨石坑"沙克

9　取自日本最古老的物语文学《竹取物语》中的"辉夜姬",又称"月亮女神号"。

尔顿[10]"的内部。人们猜测，在常年不见太阳的黑暗世界里，其深邃的底部可能存在着冰。当月球南极迎来短暂的夏天，太阳光只会在坑壁上短短照射几天，在某个瞬间，坑的内部会被反射光照亮。就在那时，"辉夜号"恰好飞过上空。"沙克尔顿"的内部呈现出光滑得近乎完美的圆锥形。参与该计划的春山纯一先生将其称为"神的馈赠"。但是，里面并没有发现冰。

今年（2010年）的中秋满月是在9月22日，实际上是阴历的八月十五日。阴历以新月为初一，所以满月就是名副其实的十五之夜。由于月球、地球和太阳排成一条直线，潮汐会涨得很高，河流中的鱼苗们会一起逆流而上。就在这一天，辉夜姬[11]回到了月亮上。大自然与月亮同在。今晚我也会仰望月亮，想象着月球背面的故事，心驰神往。对了，那个月球仪售价1200欧元。大叔，你有点过分了啊。但我是真的很想要啊……

---

10 沙克尔顿陨石坑是位于月球南极的一座撞击坑，其地质龄大约有36亿年，在南极至少已存在了20亿年。其名称取自英国南极探险家欧内斯特·亨利·沙克尔顿爵士（1874—1922）。
11 辉夜姬是一位来自月亮的仙女，《竹取物语》讲述了她因未知的罪名而被贬入凡间，降生于一片竹林之中，被一位善良的伐竹翁从发光的竹中取出并由夫妇二人抚养成人，最后回到月亮上的故事。

眺望同一片海

我曾经居住在美国东海岸。尽管如此,我却与繁华世界无缘,像一个研究奴隶似的从清晨工作到深夜,没有周末和节假日。

不过,我幸运地获得了一次暂时离开实验室的机会,前往参加一场提供住宿的研究会。地点位于伍兹霍尔海洋生物学研究所,它坐落在纽约和波士顿之间的一个小镇。我换乘了几次巴士前往那里。那是一排古老的棕色建筑物,研究所坐落在面朝一望无际的大海延伸开来的美丽海湾旁。我沿着小路一直走到了可以俯瞰大海的高处。季节和现在一样,正值初春,大西洋在寒冷的天气中波光粼粼,海风呼啸。

我把手深深地插进口袋,拢起外套的前襟,回想起很久以前,一位女性曾与我一样眺望着同一片海。

她本想以写作为业,但在一个偶然的机会下开始了生物学的学习,并参加了伍兹霍尔的夏季研修。她是在内陆长大的,生平第一次看到了辽阔的大西洋。这是她与一生中魂牵梦萦的大海的初次邂逅[12]。

后来,她在处女作《海风下》的开头这样写道:

---

12 1929年夏天,蕾切尔·卡逊在伍兹霍尔海洋研究所工作,对大海一见钟情,这成为她日后写作"海洋三部曲"的灵感来源。三部曲分别为1941年出版的《海风下》、1951年出版的《我们周围的海洋》及1955年出版的《海的边缘》。

"那座岛笼罩在比横渡东边入海口的黄昏还要深一些的暮色里。岛西侧的沙滩潮湿狭窄,反射着发出青白色光芒的天空,光辉从沙滩向地平线延伸,画出一条明亮的道路。"(日文译本由上远惠子翻译,岩波现代文库出版。)

她的文字抒情,却又不会被情感淹没,始终保持着整体性,追求准确的记述。她的作品鲜明地描绘了海洋的生态与生命的活力,因此引起了世人的关注。她说:"我笔下的诗并不是出于我,而是出于大海。"

让"惊奇之心(sense of wonder)"这个词广为人知的也是她。对于孩子们,大人能做的最重要的事,就是教会他们对自然保持惊奇的眼光。

她在著名的约翰霍普金斯大学攻读生物学研究生,但有一个问题始终困扰着她。那时正是20世纪50年代到60年代初,随着化学时代的到来,农药和杀虫剂开始被大量投入使用。

她仔细地收集和分析数据,考察杀虫剂DDT和有机磷农药的滥用会在时间和空间上对生态系统平衡造成怎样的影响。她发现,不仅仅是害虫被杀死了,一个生物群的变动也会深刻地影响到另一个生物群。虫子死了,种子就不会结果;农药会通过食物链富集;鱼消失了,小鸟也不再歌唱。春天沉默了。

于是,蕾切尔·卡逊写出了她的名著《寂静的春天》(日文译本出版于新潮文库)。那是1962年,她的身体已经被扩散的癌细胞侵蚀。她说:"支撑我的,是我内心澄澈无比的信念,那本最终必须完成的书建立在不可被动摇的基础之上。"

化学制造商和利益集团开始了对她的强力打压。"这是一种非科学的妄言。""这是单身女人歇斯底里的疯言疯语。"那些话恶毒到令人发指。对卡逊的批判到今天仍没有停息,像是禁用DDT导致了疟疾增加,等等。

然而,她既没有夸大事实,也没有试图禁止什么,她只是想要如实地记述生命的原貌。她还指出,那些试图控制生命的行为越是有效,就越会严重地扰乱生命的平衡。

本文最初发表于《周刊文春》杂志,而那周的4月14日恰逢蕾切尔·卡逊的忌日。

她于1964年去世,享年56岁。而值得一提的是,当年(2010年)也是国际生物多样性年。

最强ID？

"双照片ID！"

窗口的女工作人员态度很差地说。当我在美国开始研究生活，打算在银行开户时发生了这件事。我没有听清她的话，有些不知所措。

她的意思是要我出示两份带照片的身份证明。但因为我刚来美国不久，所以除护照以外，没有别的证件能给她看了。而且，她告诉我第一次存款就得一千美元以上，我来到这家银行时以为它和日本银行一样，结果只能垂头丧气地离开了。

除"脸"以外，还有什么方法能证明我是我自己呢？是否有更生物学的方式来证明我的独特性、唯一性呢？

DNA怎么样？实际上，人与人的大部分DNA几乎相同。

即便是不同的人种，DNA也极其相似。"人种"这个词本身就容易引起误解，白种人和黄种人并非不同的物种。"种"是指能够互相交配的生物群体。由于无论来自哪个国家的人都可以共同生育后代，所以人类、智人被视为包含了所有人种在内的单一物种。

此外，现代人类起源于十几万年前存在于非洲的一小群祖先，他们在同一种群内部不断进行DNA交换，因此彼此之间的DNA具有相似性也是理所当然的。

即便调查单个基因，例如控制血糖的胰岛素DNA，也很难找到你我之间的差异。

你可能会说，不是有DNA鉴定吗？那它到底是在调查什么呢？

的确，通过DNA检测可以确定罪犯，也可以证明亲子关系。

在DNA序列中，特别是其中连接着基因与基因、一般被认为没有意义的区域，有时会有个体所特有的细微序列变化。或者说，所谓的重复序列的长度会因人而异。DNA鉴定就能检测出这样的特征。

如果从被认为是父亲与孩子的两个人的DNA中检测出这种特定的DNA序列，那么这两人被认定具有亲子关系的概率极高。

如果从某个犯罪现场发现的体液样本，以及用棉签从你的口腔内取样采集的上皮细胞样本中都能检测出这种特定的DNA序列，那么你被判定在犯罪现场的可能性也会极高。

然而，重要的是，DNA鉴定所能显示的仅仅是这个样本与那个样本之间的关系，并不能证明这个序列的独特性和唯一性。换句话说，即使在银行窗口出示我的DNA序列，也不能作为证明我是我自己的证据。

而且，不经过实验室的分析，我们是无法得知自己的DNA的。此外，还需要另外的程序来证明DNA序列确实来自本人，并且是以正确的方法分析出来的。但DNA上并没有照片,所以这一步就又回到了原点。

实际上,在1994年美国发生的O. J. 辛普森案[13]中,警方对DNA样本的处理引发了质疑,导致重要的犯罪证据被认定为无效。

最近,在偶像歌手的握手会上,倒卖握手券成了问题。为了防止这种情况发生,入场时不仅要求出示身份证等身份证明证件,而且在情况看起来可疑时,甚至可能要求回答生肖来确认本人身份。生肖……原来是比DNA更强的身份证明啊。

13　1994年发生的O.J.辛普森涉嫌谋杀前妻案件,是美国历史上最受公众关注的刑事审判案件之一,也是20世纪最具争议性的案件,被称为"世纪大审判"。

本人证明

银行或公务用语经常会这样询问:"您是本人吗?""请允许我核实您本人的身份。"那么,"本人"到底是什么意思呢?本人指的当然是我自己,这一点显而易见,但要证明我确实是我本人却有着巨大的难度。

我并非别人冒充,而确确实实是我本人的证据是什么呢?能流利地说出出生年月日和住址?这些完全不足为信。健康保险卡和驾照?对专业人士来说,这也很容易伪造。

那么,如果是一样只属于我,永远属于我,无法被剥夺或替换的东西呢?比如笔迹、声纹、指纹、虹膜。没错,这些实际上已经被用于生物识别了。

的确,这些都是能证明我是我本人的指标。但它真的是只属于我,永远属于我,无法被剥离或替换的吗?

佐藤雅彦将这些称为"属性"。佐藤先生是众所周知的游戏天才,给人们带来欢乐的宝玲奇广告、儿童电视节目《毕达哥拉斯装置》以及团子三兄弟都是由他创作的。他还是每日新闻社《每月新闻》上的《"难道不是吗"禁止令》等足以名留青史的经典文章的作者。

各种"属性"的确能证明我就是我本人,但是,它们并非永恒或独特的，既可能被剥离，也可能被替换，实际并不可靠。佐藤雅彦的"这也是不得不承认的我自己"展览（于2010年7月16日至11月3日在东京中城的21_21 DESIGN SIGHT美术馆举行）就直白而巧妙地指出了这一点。

据说因为展览企划太有趣，会场成了人气很高的约会地点。而我则在闭馆后得以特别入馆，进行了由佐藤雅彦先生亲自带领的极其奢侈的参观。

入馆后，首先会被要求提供自己的姓名、身高、体重、指纹、虹膜图案等信息（这些个人信息将受到保护，不会泄露给其他人）。我看着自己的指纹从指尖脱离，像水蚤一样慢慢游进了池子里，和其他人的指纹混在了一起，这让我感到有点惆怅。但是，如果再次用手指触碰验证器，指纹又会一溜烟地跑回我这里，真叫人高兴。

就像这样，参观者会针对平时理所当然地认为属于自己的"属性"进行各种各样的体验。渐渐地，他们开始感到有些奇怪，内心也逐渐动摇。那些"我的属性"中的每一个都很渺小，而且没有一个是自己独有的。笔迹可以复制，甚至连记忆也可以被制造出来。展览最后一个环节就展现了这一事实：记忆，本应该是支撑自己成为自己即自我同一性的根基，也有可能成为可替换的"属性"。

佐藤先生提出的问题大概就在这里。既然是

"属"性，那么必然也应该存在创造属性的主要性质——"本"质。但实际上，只有汇聚了各种属性方能显露出本质。也就是说，我之为我，不过只是被周围的一个个"属性"凿空所留下的真空罢了。用设计来探讨存在的哲学，这一点只有佐藤先生能做到。

实际上，构成我本人的物质基础也在不断地分解和合成中，因此并非完全不变。这也是我一直在思考的生命的流动，即动态平衡的概念。然而，如果是佐藤先生的话，或许可以用一种清爽的方式，很酷地表现出这一概念。我心中想着这些，离开了展览会场。

"幽闭"的极限

那一天,米兰的马尔彭萨机场被大雪封锁了。混乱达到了顶点,候机厅里挤满了张皇失措的被困旅客,柜台前排起了长龙。每个人都在大声嚷嚷着,听不清楚的广播不间断地播放。我已经筋疲力尽了。虽然好不容易买到了机票,但飞机在延误数小时后完全没有要起飞的迹象。冰冷的玻璃窗外,天色已经暗了下来。

又等了好几个小时,雪终于小了下来,可以除雪了。在通知登机的广播的催促下,我坐上了一架飞往意大利地方城市的小飞机,座无虚席。我卡在三个座位的正中间,周围全是意大利人。舱门关闭了,一想到总算可以出发,我松了一口气。

然而并非如此。等来等去,飞机一直都停在原地,完全没有要开动的意思。广播中反复播放着无法获得飞行许可的消息。我抬头看向狭窄机舱的天花板。就在这时,一股莫名的紧迫感从我肺部的深处涌了上来。我的视野一下子变暗了,紧接着就呼吸困难,心跳加速。那一瞬间,一种想要拼命尖叫的恐惧感向我袭来。我要从这里出去,现在!马上!我要呼吸外面的空气!我手脚开始颤抖,不受控制地扯开了身上的安全带,朝着出口的舱门狂奔而去。

我趴下了身子,双眼紧闭,双手捂住嘴巴,尽可能地吸入自己呼出的气。冷静点，什么都不用看，什么都不用听，不用管这是哪里。就这么过了一会儿，恐惧慢慢地远去了，但难受的心情却久久不能散去。我尽量保持着平静的呼吸。

不知过了多久，飞机最终放弃了出发，重新连接了舷梯。舱门打开，乘客们被允许进入大厅。我跟跟跄跄地走到沙发跟前，瘫倒在上面。沙发硬硬的，让我感觉很踏实。

我以前从未经历过这样的事情。我坐过无数次飞机，每次都是上了飞机就起飞，喝完服务员送来的咖啡，在迷迷糊糊打着瞌睡间降落，着陆后，周围此起彼伏响起解安全带的声音，随后大家就争先恐后地冲向出口。一直都是这样。总会有下一步行动，环环相扣，像是被人催着一般。但突然间，一切都消失了，在完全看不到前路的情况下，人们被困在出口封闭的狭小空间里时就会陷入恐慌。

这就是所谓的幽闭恐惧症吧？我从没觉得自己患有幽闭恐惧症，但毫无疑问，那时候我感受到的就是恐惧。而且，与其说那是被困在狭小空间里的恐惧，不如说是对突然被剥夺了自由的恐惧。就这么点小事也能让我迷失自我，这让我很受打击。

但这种恐惧真的不会以某种形式降临在我身上吗？不仅仅是被困在飞机或电梯里，毫无预兆地被逮捕或拘留也一样。如果真的发生这样的事，只要能摆脱这种状态，无论是什么样的交易我想我都会毫不犹豫地接受。

我想起了被困在远方地下深处的人们。仅仅是想到，都让我浑身汗毛直竖。在接近极限的幽闭空间中，他们是如何维持内心平衡的呢？对了，在日本也曾发生过类似的事故，那已经是很久以前了——我想起了那个故事。

丹那隧道事故
的恐怖

2010年智利发生的矿山塌方事故以及之后的戏剧性救援，成了当年世界十大新闻之一。

而在八十九年前的大正十年，日本也有过一起惨烈的大塌方事故，发生在东海道线丹那隧道的挖掘工地。在那个时候，没有任何通信手段能获知安危，没有食物供应，也没有电，更没有高科技的挖掘机。

我之所以知道这么久以前的事，是因为碰巧读了吉村昭的长篇小说《撕裂黑暗的道路》（文春文库）。在读完讲述从网走监狱逃跑的天才越狱犯佐久间清太郎的小说《破狱》（新潮文库）之后，我就成了取材精心、描写细致的吉村作品的铁杆粉丝。

早在新干线开通之前，日本就果断地实施了一项大工程，将从箱根后方绕过的东海道线直线化。为此，必须在伊豆半岛的根部，即热海至三岛之间的山体上挖掘隧道。这项工程始于大正七年，遇到了极大的困难：坚硬的岩盘，断层，惊人的渗水量。

挖掘隧道，意味着扰乱深埋在土壤深处的力量均衡。在某个地点发生的不平衡，有可能在遥远的其他地点引发意想不到的连锁反应。

在那之后，大自然的愤怒就突然爆发了。

在坑口附近约三百米处发生了毫无征兆的大崩塌，隧道中段被埋。在里面工作的人都被困了起来。虽然救援人员开始在崩塌处挖掘营救用的洞，但由于被大量的沙土和坠落的木材、铁材阻挡，救援工作进展缓慢。和现在不同，当时所有工作都是靠人力手工操作。救援人员拼命敲打通向内部的通风管道，却没有得到任何回应。也许是因为管道已经中断，又或许……

在崩塌处工作的是十七名男子，所有人都还活着。他们有从岩盘中涌出的水可以饮用，然而他们最害怕的也是那水。如果排水不畅，隧道内就会被水灌满，导致他们在封闭空间中溺亡。水渐渐逼近到膝盖以下，他们用散乱的木板搭起支架，做了个高的台子以避难。

还有空气。二氧化碳的浓度好像逐渐升高了，随着时间的流逝，他们的呼吸也变得困难起来。接着袭来的是饥饿，他们完全没有食物的储备，只能靠咀嚼稻草来充饥。

在智利的事故中，迅速的初期应对使得通信成为可能，得以保证食物的供应，电力和空气也得到了保障。换句话说，很早就在地下空间和外界之间开辟了一条小小的通道。

而在丹那事故中则截然不同，形成了一个完全封闭的空间。最开始的几天，人们焦急地等待着洞被挖开，却没有任何迹象。为什么没人来救我们？为什么不从上面挖进来？愤怒和焦躁堆积着，发酵着。

被困的工人们渐渐失去了理智。有人放话，要这样坐以待毙下去，还不如选择自杀。在一片骚乱中，头儿大声喊道："要想跳下去，你就先杀了我。就算死在路边，老子也一定要活着出去！"

终于，煤油灯的燃料耗尽，四周被黑暗所吞噬。在事故发生后的第八天，从崩塌处上方挖掘出的约三十米深的救援通道终于被打通，困在黑暗中的十七个人全部被救了出来。

尽管离饿死还有一段时间，但究竟是什么在将人们推向死亡的边缘呢？我思考着。真正的幽闭空间带来的绝望，才是真正致命的。丹那隧道历经十六年的岁月，吞噬了六十七人的生命，终于在昭和十年竣工。

真正杀死遇难者
的东西

遇到塌方事故被困在深坑的深处，或者在山里迷路，甚至在海上漂流……

当与世界隔绝、完全孤立的时候，人类能够忍受多久呢？

从生物学的角度来看，首要因素是水。因为呼吸、流汗、排尿等，水分会源源不断地从身体中流失，为了维持生命活动，每天至少需要摄入500毫升水。在遭遇灾难时，一旦陷入脱水症状，即使之后获得了水源也无法从损伤中恢复过来。因此，即使是海水最好也要喝下去（尽管这会给肾脏造成很大负担）。

能量。以体重50公斤、体脂率20%的人为例，他们有10公斤的能量储备。一个普通体格的成年人一天大约需要2000千卡的能量。在饥饿状态下，能量消耗可能会更少，粗略地估算一下，每天燃烧220克脂肪就足够了（每克脂肪可以产生9千卡的热量）。因此，如果逐渐分解体内的脂肪，理论上人可以生存45天左右。

然而，人类并不是一个储存脂肪的存钱罐。有一个关系到生命维持、无法停止的根本流程，那就是蛋白质。蛋白质无法像脂肪那样能够将多余的量储存。它们全部在生命活动的前线实时地工作，不断合成，不断分解。这就是生命的动态平衡。

成年人每天自动分解约60克蛋白质，并排泄在尿液等载体中。因此，为了维持动态平衡，每天需要摄取60克蛋白质或构成蛋白质成分的氨基酸（该值为不含水的干燥重量）。如果蛋白质的供应中断，分解将继续进行，身体的蛋白质会逐渐流失，这将直接导致死亡。

陷入"蛋白质饥饿"时，细胞会将现有的蛋白质分解为氨基酸，并转化为优先级更高的蛋白质（自噬），但这样的调节也有限度。人体内的蛋白质约占体重的15%。如果失去其中的三成，生命维持就会受到威胁，因此，可以计算出能够坚持的时间大约是1个月。

但不可思议的是，在遇到灾难时，尽管从生物学的角度来看应该还能忍受，实际上人类却表现得非常脆弱，海上漂流就是一个例子。从生存空间有限、与外界隔绝这些方面来讲，海上也可以说是一个典型的封闭空间。

法国医生A. 邦巴尔在《实验漂流记》中写道：

"据统计，90%的海难者会在沉船后3天内死亡，这是一个奇怪的事实。"（《现代冒险3：挑战世界上的海洋》，文艺春秋）

为了揭开这个谜团，他于1952年亲自进行了一次大西洋漂流实验，向人类的极限发起了挑战。他乘坐一艘长4.65米的橡皮艇，喝雨水，捕鱼，坚持了整整

113天。

另外,S.卡拉汉于1982年参加帆船比赛时遭遇暴风雨,失去了船只,他在橡胶制的救生筏上漂流了76天。救生筏里的空气渐渐变少,瘪了下去。他设法做了一点简陋的求生装备,比如从海水中提取饮用水的太阳能蒸馏器。其间,他在绝望和对生的执着之间挣扎,摇摆不定,并留下了他与风雨和海浪斗争的记录,这就是令人惊叹的《大西洋漂流76天》(日文译本由早川文库出版)。

他们异口同声地说,饥渴并不会直接杀人。在那之前,孤独和绝望才会真正杀死一个人。

我在异国被困在飞机上的恐惧,根本无法与这些人堪称壮烈的经历相提并论。然而,我在那个时刻所感受到的,无疑是即将跌入黑暗深渊时那一瞬间的恐惧。

博士的
进化

谁在选择?

植物绽放美丽的花朵,吸引昆虫,鸟儿则长出了翅膀,以便飞翔。然而,生物并非是自愿获得这些特性的。对于生命来说,新的变化仅仅只是偶然发生的结果。

当DNA被复制并传递给后代时,极少数情况下会发生微小的"排版错误"。当然,这些"错误"是随机发生的。微小的变异可能会带来新的变化,但这种变化本身并没有目的、意图和方向。选择留下什么,这取决于自然环境。适应自然环境的变化将被选择保留下来,并留下后代,而不适应环境的变化则不会留下后代,直接被淘汰掉。

然而,对于那些原本更容易被淘汰的变化来说,如果存在能够选择、保护和培育它们的"挑选者",那么这些变化就有可能幸存下来。近年来,这种情况其实随处可见。这一切都是自人类出现在这个世界以来的事。

以鸟类为例。鸟类有孵化的习性,它们下蛋后会窝在巢里孵蛋,并全心全意地照顾它们好几周。然而,如果由于某种变异使得鸟类的习性发生变化,放弃孵化自己的蛋,那么这种变化对于繁衍后代来说将是极其不利的,因此这种鸟类很快就会被淘汰。

然而,人类决定替这种鸟类孵化蛋,帮助其繁衍后代。为什么呢？因为鸟类还有一个习性，一旦放弃孵化，就会马上又开始制造下一颗蛋。就像这样，我们人类就选择了一种几乎每天都泰然自若下着蛋的鸟，即一种一年能下超过三百颗蛋的蛋鸡，叫作白来航鸡。

再比如蚕。蚕原本是一种被称为"野蚕蛾"的蛾类，人类经常为它们提供食物，为其创造人工环境。于是蚕的幼虫开始学会偷懒，不再自行寻找食物，而将精力转移到其他方面，人类便从中挑选出在吐丝方面表现出色的品种。于是，一种自身行动能力极低、织出超出必要的又大又厚的茧，既爬不出来也飞不起来的昆虫就这样产生了。如果离开了人类，蚕将无法生存。

不仅仅是对产业有用的生物，人类干预进化的其他生命还有很多。比如狗，最初为了赶牛或与牛战斗而培育的斗犬，经过大约八百年的品种改良，现在已经演变为四肢极度短小的宠物，即斗牛犬。由于斗牛犬的腰腿很弱，现在没有人类的帮助就无法进行交配。不仅如此，由于骨盆变窄，它们现在只能通过剖腹产来生产后代。塌鼻子，小脸上满是皱纹，身体不擅长充分散热的特性使得它们没有空调就无法被饲养。如今，它们的生命百分之百依赖于人类。

鸡、蚕、斗牛犬……人类介入了它们的进化过程，代替自然扮演了挑选者的角色。人们选择、改造，并创造出新的生命形式。这些生命再也无法在没有人类的情况下生存，与此同时，人类也依赖这些生命的帮助或支持来维持生存。这或许可以称为人类与其所创造的生命之间一种新型的共生关系。

自人类登场以来，进化史就迎来了新的局面。对于经人类之手改造的生命，人类必须认真地承担起责任。

相似的理由

有一朵花,它花瓣的一部分呈圆筒形突出。一只蜜蜂飞近了花,就立刻扑向圆筒形的部分,拼命地抱紧。花瓣难以承受蜜蜂的剧烈动作和重量,摇晃不定。这只蜜蜂到底想做什么呢?

并不是为了吸食花蜜。它的尾部弯曲着,实际上是在拼命地试图进行交配。换句话说,蜜蜂将花瓣的圆筒部分误认作了雌性蜜蜂。虽然在大小和大致形状上的确与蜜蜂的身体有几分相似,但花瓣毕竟是花瓣。不过从蜜蜂的视觉来看,这应该与雌蜂特别相似吧。否则的话,蜜蜂不会如此急切地进行交配行为。

那么,为什么花会让自己长得如此像雌性蜜蜂呢?这是为了让蜜蜂带走并传播花粉。紧紧抱住花瓣的蜜蜂会剧烈地摇动身体,在这个过程中,它的背部或翅膀偶尔会碰触到花瓣另一侧的雄蕊,从而使花粉附着在蜜蜂身上。没过多久,无法完成任务的蜜蜂就会放弃,飞走了,而背上沾满了花粉。或许在下个瞬间,蜜蜂就会忘记一切,一转头就毫不犹豫地陷入另一只"假雌蜂"的诱惑中,反复进行无益的进攻。这时,它背上的花粉会被带到另一朵花的雌蕊上。就这样,植物成功地实现了分离个体之间的基因交换,而无须自主移动。

然而，仍然存在一个问题：为什么这朵花能够如此成功地让花瓣模仿雌蜂，令雄性蜜蜂这般着迷？而且，这种机制是专为一种特定蜂种而设计的，这种蜜蜂中的雌性和雄性会在野外相遇。这是出于什么样的意图，或者是用了什么样的方法，使得花瓣能够如此成功地模仿蜜蜂呢？

事实上，这样的思考方式是错误的，完全错误。花瓣并不是为了模仿蜜蜂才改变自己姿态的。不仅仅是花，任何生物都无法故意地改变自己，以此作为生存策略。

唯一可能的只有顺其自然。有时候，DNA中的某些地方会发生微小的排版错误。正如字面意思所示，这种错误会在随机的地方突如其来地发生。发生的概率极其微小，产生的变化也微乎其微。大部分这样的错误对生物来说既不是有益也不是有害的，而剩下的大多会成为有害的。DNA复制错误可能导致疾病，可能破坏代谢过程，可能延缓正常的生长和发育。携带这种错误的花粉或精子（或卵子），要么无法产生下一代，要么即使有了下一代也无法延续下去。

然而，如果时间足够长，漫长到让人难以想象，错误会一次又一次地重复，有时会产生其他错误，从而带来新的变化。形状改变，颜色改变，性能改变。

在这种情况下，新变化本身并不是最重要的。关键在于这种新变化被谁需要，被谁选择。突然发生的变异使花瓣形成了奇妙的形状，也可以说是一种畸形。但是，这种畸形对蜜蜂来说却是无比诱人的。

从历史的角度看，生物似乎是在为了适应环境而不断稳步进化。然而，这只不过是因为没有被选中的事物已经消失在人们的视野之内了。

寄生与共生

我对学生们说，人不是独自活着的。"'人间'（日语意为人类）这个词写成'人'与'间'，而'人'字则是由两根棒子相互支撑……"我想说的，并不是像金八先生[14]那样的话。人类的细胞数量约为60万亿，它们相互协作，每天自我更新，因此我们才能保持健康。

当然，并不是因为我们有60万亿个细胞才不是"独自活着"（原本只是一个受精卵）。我们的身体里还存在着其他生物体，它们就是消化道中的肠道细菌。由于其中的大多数一旦排出体外，接触到氧气就会死亡，所以准确的数量无从得知。但据推测，它们大约有人类细胞数量的两到三倍，也就是100万亿到200万亿个。它们也相互协作，每天自我更新，因此我们才能保持健康。这才是"人不是独自活着"的真正含义。

人的消化道就像圆筒鱼糕的孔，从起点和终点都与外界相通。身体的内部，也就是鱼糕的实体部分拥有免疫系统，抗体和白细胞会迅速反击，因此细菌很

---

14 《3年B班的金八老师》是一部由TBS电视台制作的电视剧，于1979年至2011年持续播出。该剧的主人公是日本语教师坂本金八，由著名演员武田铁矢扮演，在剧中，他曾在樱中学三年B班的课堂上说过著名的台词："'人'字所代表的是人与人相互支撑的姿态。"

难入侵。但是消化道内部与皮肤一样是外侧,因此,细菌很容易在那里定居繁衍。而且营养随时可得,环境温暖且稳定。它们在那样的地方舒舒服服地生活,掠夺我们咽下的东西,安逸度日。我问学生们,那么它们是不是在我们的身体中"寄生"呢?

所谓寄生,是单向的。也就是单方面地享受利益,自己不做任何贡献。这点正好和你们一样,住在父母的家里,饭来张口,甚至打扫卫生、洗衣服都不用自己动手,有人会帮你们做。这是不折不扣的寄生。但如果你们从自己打工赚来的钱中拿出一小部分当作伙食费,那么这时就从寄生变成了"共生"。不过,这还不算是平等的共生。

肠道细菌并不是单方面寄生在我们的身体里,而是与我们平等地共生。是这么一回事:

在胎儿时期以及新生儿出生时,消化道内是完全干净的,没有肠道细菌。随着婴儿开始呼吸、吮吸母乳,或者开始吃辅食,来自外界的各种微生物开始进入消化道,并逐渐形成稳定的菌群。这样一来,肠道细菌就在消化道内形成了屏障,阻止了呼吸和食物带入的有害细菌的增殖。

此外,它们还会利用人体不具备的特殊酶分解食物中的成分,并将其转化为人类可利用的营养物质,这真是非常巨大的贡献(草食动物和某些昆虫在没有肠道细菌帮助的情况下无法生存)。

最近，随着DNA分析方法的进步，即使是排出体外就会死亡的肠道细菌，也能根据其死体进行种类分析。结果，发现了一件意外的事。肠道菌群的种类会根据人类居住的地域而有所不同。例如，日本人的消化道中存在着能够分解海藻成分的肠道菌群，而欧美人的肠道内却没有。仔细想想，这是很合理的。因为肠道细菌也来源于当地的风土，随着时间，会形成与风土相适应的共生关系。

去海外旅行时肚子感觉不适，说不定就是这个原因。与其说是当地食物的卫生状况不好，不如说是与我的肠道菌群不合拍。吃自己成长的地方土生土长的食物，从生物学来看也是有合理性的。

"退化"即"进化"？！

在洞窟深处这样没有任何光线的地方，生活着一些生物。这些生物（主要是昆虫、甲壳类动物和鱼类）现在被赋予了一些带有歧视性的称呼。这是因为它们的眼睛已经退化，几乎失去了功能。近年来，这些称呼正在逐渐被修改。

退化这一现象，在生物学上实际是一个非常难以解释的问题。有人可能会想：为什么呢？生活在黑暗世界中的生物不需要感知光线的视觉。相反，依靠视觉以外的感官，如对水和空气的振动的敏感感知，发达的听觉、嗅觉和味觉，可以充分实现生存。所以很自然地，视觉就变得不再必要了，这样的解释行不通吗？的确行不通。

不使用的东西会衰退，这是我们经常经历的事情。如果手脚长期被石膏固定，肌肉就会萎缩。通过康复训练增加负荷，肌肉就会重新长出来。不使用就会衰退，运用就会被强化，用进废退的逻辑在每个生物个体的一生中当然都是成立的。然而，当涉及跨越世代的变化，也就是生物的进化时，这种逻辑就不再适用了。

频繁使用某项功能并不意味着生物的特征会朝着这个方向发展。变化完全是随机发生的，在众多变化中，只有适应环境的才会被选择。相反，即使某个器官或功能很少被使用，它也不会消失。因为在一代之中，个体身体上的适应性变化都是通过调节蛋白质水平的高低实现的，而不是通过蛋白质的设计图，即DNA层面发生的。

此外，父母传递给孩子的只有DNA，上一代发生的适应性变化在下一代会被完全重置。因此，如果某个器官或功能衰退、消失，其变化的原因必然是偶发性的。只有DNA上随机发生的突变，才会导致功能受损。

一般来说，丧失某种功能通常只会产生不利影响，而很少会对生存产生有利影响。因此，如果某种"退化"特征代代相传，在物种中传播并作为性状固定下来，那么这种退化就必须具备积极的理由。也就是说，"退化"必须具有进化的意义。并不是因为不用才会消失，而是因为消失会带来某种好处。

失去视觉有什么好处吗？对于我们这些平时生活在充满光明的世界中，无论是在现实还是虚拟世界都极度依赖视觉信息的人来说，这是难以想象的。但对于生命体来说，视觉原本是很大的负担。

维持晶状体、虹膜、视网膜、视神经以及解析视觉刺激的脑细胞活动，都需要承受巨大的信息处理负荷和能量消耗。换句话说，这对生物来说是非常耗费精力的。如果可能的话，它们可能希望生活得更轻松一点。但在有光的世界中,这是不可能的。无论是寻找食物还是与异性相遇,都需要视觉。然而,在没有光的世界中,情况可能就不同了。因此,能够放弃视觉这种沉重负担的生物相应地能更加轻装上阵,将精力和能量用于其他方面。这就是退化的好处,不是吗?我是这样认为的。

那些潜藏在洞窟深处、悄无声息地生活着的生物们完全摆脱了"要是不看就好了""要是不知道就好了"的后悔、烦恼和无谓的浪费,真正拥有了享受自由的生命。

颜色的
千姿百态

我们能看到的颜色都介于红色和紫色之间。咦，红色与紫色之间不是只有紫红色吗？也许有人会这么想，但实际上，在红色和紫色之间还有橙色、黄色、绿色、蓝色、靛色，这就是所谓的七种彩虹色。

这里所说的颜色指的是光的颜色。光是一种波动，当波长改变时，感知光的视神经模式也会随之改变，这就形成了红色和紫色之间的各种颜色差异。

像太阳光这样的光是由各种波长的光混合而成的。在这种光线下，红色物体（如血液）之所以看起来是红色，是因为只有红色波长的光被反射，其他波长的光都被吸收了。换言之，红色的物体实际上并不喜欢红色，蓝色的物体也不喜欢蓝色。像这样根据波长对光有偏好的物质，我们称之为色素。

生物世界中有许多颜色，也有作为这些颜色来源的色素。红花是制作红色素的原料，蓼蓝则是制作将牛仔裤染成蓝色的靛蓝色素的原料。

但有趣的是，红花属于菊科，它不是红色而是黄色的（据说《源氏物语》中的"末摘花"指的就是红花）；青出于蓝而胜于蓝，蓼科植物的蓼蓝本身也完全不蓝。需要通过特殊的提取过程去除其他色素，或者添加促使色素发生化学变化的工序，才能得到纯然美丽的色素。因此，人类从自然界中提取"颜色"的历史可以说是反复试错的过程。

然而，在自然界中，尽管有一些颜色看起来鲜艳无比，却无法提取出来。

亚洲热带的翠叶红颈凤蝶和南美的蓝闪蝶都有着耀眼的蓝色。我喜爱的蓝星天牛也呈现出深邃而有光泽的蓝色。然而，这些"蓝色"却是无论如何也无法提取出来的。无论收集蝴蝶翅膀、反复研磨与精炼多少次都无济于事。因为蝴蝶和甲虫的颜色大多并不是来源于色素。

这些颜色是由"结构色"这种特殊机制产生的。用显微镜观察蓝闪蝶的翅膀，会发现它就像是以一定的角度和间距排列的小碎镜片一样。当光线照射到上面时，只有特定波长的光（在这种情况下是蓝色）会被整齐地反射出来。因此，只要稍微改变角度，颜色就会像金属或矿物一样微妙地变化。这也是令观察者着迷的地方。

实际上，有一种生物会通过结合色素色和结构色的豪华方法来装饰自己。它曾经作为权力的象征，被放养在宽阔庭院的大池塘中，如今在世界各地都有粉丝。这就是锦鲤。

锦鲤身上闪耀着金色和银色的部分是结构色，黑色则是与人类的黑痣一样的黑色素，鲜艳的红色斑纹则是来源于植物的色素。锦鲤以水中的藻类为食，将藻类中含有的红色素储存在身体表面的特殊细胞中以显色。它们既有自己的色素，又借助他物，披着双重的色彩。像新潟县这样的锦鲤产地甚至有专门用来培育锦鲤的"增色池"。据说稻米丰收的年份，锦鲤的成色也会更加艳丽。这是因为气候好的话，水中的藻类也会生长得很好。

然而，人类所能感知的颜色，也就是可见光的范围是极其有限的，仅限于彩虹的范围。既看不见紫色的外面（紫外线），也看不见红色的外面（红外线）。像是菜粉蝶的话，就能看见紫外线，从而能够识别雌雄和花蜜的位置。

人们自以为能够看到一切，实际上只不过是透过一条极其狭窄的缝隙，窥视着黑暗牢笼之外的世界而已。

易堵塞体质

忍住眼泪时,鼻子深处会感到隐隐作痛,一股咸味直往喉咙里涌。这是有原因的。请仔细观察身边人的眼睛。如果周围没人,可以对着镜子检查一下自己的眼睛。你会发现在内眼角粉红色的突起上有一个小孔。这个孔其实上下各有一个,是成对出现的,称为泪点。从这两个泪点延伸出细管,最终汇合成一根,通向鼻腔的出口,这就是泪道。

泪道并不产生眼泪,而是排出眼泪的通道。眼泪本身是由眼睑内侧的泪腺产生的,然后从那里流入眼睛。平时,为了保护眼睛,使双眼不干燥,冲走进入眼睛的异物,眼泪也会不断分泌。眼泪从泪点进入泪道,然后流向咽喉深处。情绪激动的时候,泪液会大量分泌,光靠泪道无法处理的泪水就会从眼眶溢出来。

当我还是婴儿的时候,总是只有一只眼流泪,当然我自己是不记得的。出于某种原因,泪道被堵塞或变窄,导致眼泪无法顺利流出,这似乎是一种常见情况,去眼科诊所就能得到有效治疗。只不过,采用的方法相当过激。

首先用毛巾裹住宝宝,防止婴儿乱动。护士牢牢地抓紧婴儿,接着,眼科医生用细铁丝一样的工具从泪点伸进去,开始清理泪道,这个过程通常被称为

"探针疗法"。据说当时我哭得很伤心，但从那以后，我的泪道就顺利畅通了起来。

话说回来，人体的构造是多么奇妙啊。通过进化，我们拥有能感知光的视觉本身就是一个令人惊讶的奇迹，甚至还为眼睛这一器官配备了清洁系统和管道。

耳朵也同样令人惊叹。由于工作需要，我常常要乘飞机前往不同的地方。这个时候，总会遇到一点小麻烦。问题出在左耳无法顺利"排气"。就像游泳后耳朵进水了一样，耳朵深处会产生一种不适感，听不清声音，就连自己说话的声音也听起来怪怪的。

人的耳朵孔深处有鼓膜，再往里是一个叫鼓室的小房间。坐飞机飞到气压较低的高空时，鼓室内的压力增大，鼓膜被内部的压力挤向外部，因此会感到不适。这种情况在乘坐高层建筑的电梯时也会发生。

但是耳朵也配备了调节鼓室内外压力差的管道，即咽鼓管，它是16世纪的意大利解剖学家埃乌斯塔基奥发现的。这个管道的创造实在了不起，也亏得有人发现了其中的精妙之处。咽鼓管连接着鼓室和咽喉深处，当我们张大嘴巴或打哈欠时，管道就会打开，释放鼓室内的压力。又或者，捏住鼻子用力咽下口水的话，就能让空气通过咽鼓管，这就是所谓的"排气"。但我似乎做得并不好，难道我就是天生的"易堵塞体质"吗？

在进化的过程中，生物既不用乘坐飞机，也不用乘坐高层电梯，那为什么会预先配置好咽鼓管这样的通道呢？

实际上，这是我们祖先曾在水中生活的确凿证据。口、耳、鼻、眼等用孔道连接的部分都是鱼鳃结构的残留。到达目的地后，我一边想着这些，一边为了消除耳中的不适，挤压着嘴巴和鼻子。就在不经意间，咽鼓管突然通畅了起来。这实在也是一种愉悦的感觉啊。

进化并无目的

强力抗生素碳青霉烯曾被作为王牌药物广泛使用,但由于出现了使它失效的超级耐药菌,这成了一个严重的问题。一旦新的抗生素被开发出来,很快就会出现与之抗衡的耐药菌,像是一个永无止境的猫鼠游戏。但是,为什么不管被抗生素打败多少次,细菌都能爬起来,最终获得对抗的手段?这种不屈不挠的力量究竟从何而来呢?

这其实是一个由于抗生素的广泛使用而产生的不可避免的悖论性结果。

生物学家拉马克对于长颈鹿脖子为什么长这个问题,给出了这样的答案。他认为长颈鹿为了吃到高处的树叶,世世代代都不懈地努力伸长脖子,最终使它们的脖子变得特别长。

但达尔文却彻底否定了这一观点,现代生物学也百分之百支持达尔文。通过努力或追求,的确可以提高某项能力,比如锻炼肌肉力量,打好高尔夫球。但是,这种努力的成果只会停留在个体身上,不会传递给下一代。有的长颈鹿可以拼命把脖子伸得很长,但是将这种性状传递给子孙的遗传机制是不存在的。

尽管事实非常无情,但这表明生物无法有目的地进化,也不能靠努力来实现进化。长颈鹿的脖子并不是因为它们渴望吃到高树上的树叶而不断伸长脖子才变长的。这种变化只是偶然发生的,并且没有任何目的性。因此,在漫长的岁月中,出现过各种各样的脖子,又都消失了。有短脖子、弯脖子、粗脖子,还有长长的脖子。在这之中,那些能够摆脱草原上的食物竞争、吃到高处树叶的长脖子长颈鹿,最终成为自然选择的对象。

那么,为什么耐药菌能在新药问世后,像有目的一样地与之对抗,从而对抗生素产生了耐药性呢?现在引起关注的超级耐药菌携带着一种名为NDM-1的基因。这是一种名为新德里金属-β-内酰胺酶1的酶。它是在去印度旅行过的患者身上被发现的,因此而得名。

这种酶能够分解碳青霉烯抗生素,使其失效,可以说是一种新型武器。除了碳青霉烯,它还能够分解许多传统的抗生素。

不过,这种新武器并非是靠追求或努力而获得的。细菌通过细胞分裂增殖,每次分裂时DNA都会被复制,从而有了突变的机会。由于细菌在短时间内迅速增殖,因此存在大量突变的可能性。在这种情况下,内酰胺酶的结构可能会发生细微的变化。当然,这些变化是没有目的和方向的,因此大多数变异实际上反而会削弱内酰胺酶(或者不产生任何影响)。但是,它们偶尔也会加强内酰胺酶的变异,使其甚至连新药也能够分解。

然而,真正关键的部分是从这里开始的。需要一种环境来"选择"这种变异并促使其普及。这就是当前的医疗现状,即"什么都用抗生素""一上来就用抗生素"。抗生素因为方便而被广泛使用,却为敌人开发新武器提供了环境。此外,由于作为竞争对手的其他细菌被抗生素压制,这些细菌也可以更自由地增殖,扩大感染范围。

如果只在局部"战斗"中短期且准确地使用抗生素,或许可以争取更多的时间。但是,一旦抗生素的存在本身成为一种选择进化的环境压力,耐药菌的出现将成为生命的一种必然。

拉马克的"革命"

在上一篇中，我提到"达尔文彻底否定了拉马克"，但这是一个错误的说法。在文章首次刊登后，我们收到了读者的指正，对此深表抱歉。

实际上，事情是这样的。

让·拉马克于1744年出生在法国北部的一个小村庄。尽管出生于贵族家庭，但他属于没落阶级，家境并不富裕。他的父亲把他送进了一所寄宿的牧师学校，但他并不适应，反而想为国家尽一份力量，因此他选择成为一名军人。他甚至还勇敢参加了对德战争，但不久便退役了。在那个时代，对于下层贵族来说，晋升的道路是关闭的。于是，他前往了巴黎。然而关于这段时期拉马克的情况，我们所知甚少。

但是，时代无疑正在发生变化。

1778年，拉马克撰写了《法国植物志》。这是一本极为详尽的植物图鉴，备受好评。原来，他一直在孜孜不倦地进行植物研究。1789年，法国大革命爆发，拉马克积极支持革命，但对王政的否定使他在皇家植物园的职位岌岌可危。革命结束后，拉马克艰难地在新成立的博物馆找到了一份工作。不过，在那里，他并非在自己所钟爱的植物学领域工作，而是迄今为止鲜有人涉足的无脊椎动物部门。

无脊椎动物，顾名思义，即没有脊椎的生物，如蚯蚓、海星、海绵动物、蛔虫等。尽管可能非常不满，但拉马克仍然重新振作起来开始了研究。当时，所谓的"研究"主要是进行分类。而如果当时拉马克没有致力于无脊椎动物的研究，那么生物学的历史就会完全不同。拉马克并不是基于颜色、形状、有用性等标准进行分类，而是尽可能根据生物体的构造进行分类。

比如，海葵的整个身体形状就像一个袋子，摄食口和排泄口是同一个；而蚯蚓的嘴和肛门则是分开的；对于虾和蟹来说，消化道更加复杂，还有鳃。像这样把生物排列在一起，就会发现生物的身体构造和功能逐渐从简单到复杂、从不完整到完整的变化趋势。

生物从低级（低级并不意味着劣等，而是指构造较为简单）逐渐向高级变化。拉马克提出的这种观点明确地表明，生物并非一成不变，而是不断进化的。尽管我们现在认为这种认知是理所当然的，但它在当时却是彻头彻尾的异端，因为当时所有的生物都被认为是上帝　下了创造出来的。

拉马克的著作《动物哲学》于1809年出版，而正是在这一年，查尔斯·达尔文出生了。

达尔文阅读了拉马克的著作，对他提出的有关生物可变性的先进观点给予了高度评价。而达尔文的进化论正是建立在这一观点之上的。

因此，达尔文本人并没有否定拉马克。我想表达的是，关于推动进化的力量是什么这个问题，拉马克的观点与后来随着基因科学的发展而逐渐完善的达尔文进化论（新达尔文主义）之间存在着差异，即获得性性状不会遗传，因此进化没有方向与目的。偶然发生的无目的突变被环境所选择。因此，关于进化的动因，正确的表述应该是"达尔文主义否定了拉马克主义"。

达尔文之跃

地球上的生物拥有多样性。这些丰富多样的生物并不是一起被创造出来的，而是"进化"的产物。现在被我们视作理所当然的进化论，并非作为一种理所当然的生命观自然形成的。相反，它是在社会大环境的推动下，在时代的洪流中突然崛起的一种革命性认知。

让·拉马克是进化论的先驱。他生活在法国大革命的动荡之中，深刻地意识到了世界上没有永恒不变的东西。然而，拉马克过于新颖的思想在当时几乎未受到重视。

假如查尔斯·达尔文和拉马克一样生活在18世纪而非19世纪，那么他的观点能否被世人认可，并赢得如此之高的声誉就不得而知了。达尔文的进化论是在工业革命爆发、欧洲各国争相扩张领土，以及顺应时代才能生存的教条盛行的激烈时代背景下应运而生的一种认知。

达尔文22岁时，作为一名博物学家登上了"小猎犬号"船，航行目的是为英国的殖民地政策进行调查和土地测量。这艘船历时五年，穿越加拉帕戈斯群岛、澳大利亚、毛里求斯群岛等地。达尔文得以仔细观察了生活在不同地域的各种生物。

达尔文在23年之后完成了《物种起源》一书。在此期间，他反复思考、酝酿着自己的理论。

生物会逐渐发生变化，适应环境的生物会被选择。换言之，是自然选择了生物。达尔文将自然选择视为进化的筛选机制，比拉马克的理论更为前进了一步。

然而，在那个对DNA尚不了解的年代，达尔文并不清楚自然选择的性状究竟是通过什么传递给后代的。他构想了一种被称为"泛子"的微小粒子，这些微粒在生物体内游走，收集各个器官的信息，最终聚集到生殖细胞中，传递给后代。在后代的身上，这些微粒散布开来，表现出父母的特征。

这也意味着，通过这 假设，达尔文和拉马克样考虑到了获得性性状的遗传。

然而，在之后科学发展的历程中，这种微粒的存在以及获得性性状的遗传理论都遭到了否定。适应性变化只发生在身体的各个器官（体细胞）中，并不会传递给生殖细胞。

不过，从某种意义上说，达尔文的"泛子"假设预言了"基因"这一微粒的存在。

达尔文积累了大量的观察记录，慎重地提炼出了进化论。但另一方面，他也提出了像泛子假说这样非常大胆的构想。他先设想了整体的图景，接着思考了必要的要素。尽管脚踏实地的逐步归纳法才是科学的基本，但有时候演绎式的思维飞跃也能打破旧有观念。

换句话说，任何一个外行都有获得诺贝尔奖的机会。即使没有专业知识，也有可能一下子揭示出世界的真相。但是，如果跳跃得太远的话，很快就会陷入神秘主义。我也经常收到这样的来信："你说的话和我一直以来的想法完全一样。宇宙中的一切都是连在一起的！"

问题在于，跳跃之后，能否用高精度的语言将其轨迹描绘出来。达尔文在这方面做得就非常出色。

而曾经被否定的获得性遗传的问题，现在又因为生物学上的新发现，得到了另一种解释。

拉马克学说的回归？！

当我们努力进行力量训练时，可以锻炼出手臂和腿部结实的肌肉。然而，在这种看似理所当然的生命现象背后，在微观层面上究竟发生了什么呢？

这其实是肌肉锻炼所带来的负荷，刺激了制造肌肉的蛋白质，使其增产。

刺激引起反应。尽管不同个体的反应能力有所不同，但生命现象中的适应现象几乎都是通过蛋白质的增加或减少来调节的。蛋白质的设计图是DNA。DNA的信息被复制到RNA上，然后以RNA的信息为基础生成蛋白质。

因此，不论肌肉变得多么发达，DNA作为设计图本身在适应的过程中不会发生变化。那么究竟是什么发生了变化呢？答案是，从DNA复制出的RNA的数量（更准确地说是其产生速度）会发生变化。然后，基于RNA生成蛋白质的制造速度也会发生变化。这一速度会随着持续和反复的刺激相应地提高，刺激减少则会下降。换句话说，细胞就像是蛋白质的工厂一样，其生产体制会根据情况进行调整。

然而，无论我们如何努力锻炼肌肉，塑造出健美的体魄，都无法将其传给子孙后代。也就是说，个体通过努力获得的性状无法"遗传"给下一代。

这是因为，正如上文所解释的，父母传递给子女的只有精子或卵子中的DNA，而肌肉锻炼的成果并不会导致DNA的变化。

生物进化论的先驱拉马克在19世纪初设想的进化是：个体跨越世代，朝着各自的方向努力改变的话,身体也会逐渐改变。但是,在20世纪,随着"DNA→RNA→蛋白质"这一结构的明确,这种进化方式被认为是"不可能的事情"。

如果存在从父母传给子女的情况,那么所有这些都是作为DNA信息传递的。如果性状发生变化,那么这些变化都是由DNA信息的变化引起的,比如类似字符复制错误一样的突然变异。而这种变化只会随机发生。

然而,我认为科学的有趣之处就在于此。曾被否定的思想有时会被新的光芒重新照亮。特别是,"DNA→RNA→蛋白质"结构曾一度完全否定了拉马克学说,如今随着更精密的分析,"表观遗传学"突然开始引起人们的极大关注。

尽管DNA上的文字信息(遗传密码)本身没有发生任何变化,但近期的研究发现DNA中含有另一种重要信息,会影响RNA数量或蛋白质质量的变化。迄今为止,人们只是研究了DNA中遗传密码的部分。然而,在作为一种化学物质的DNA中,一些表达信息的区域是否带有甲基这种小小的标记,将决定该部分DNA信息是否被复制到RNA中。更加令人惊奇的是,甲基的位置实际上可以直接从父母传给子女。

换句话说,基因开关的"开"与"关"的方式是"遗传"的。我认为,这在某种程度上与拉马克的学说非常接近,不知道他在天堂会有何感想呢……

"隼鸟号"会带来什么?

2010年6月,在历经七年的岁月后,前往地球与火星之间的小行星"丝川"的探测器"隼鸟号"安全返回地球。

"隼鸟号"成功地带回了极微量的"丝川"上的样本。

人们对小行星的尘埃为何寄予如此的厚望呢?这是因为说不定能在其中找到解开生物学上最大谜团的世纪大发现。

关于所谓"先有鸡还是先有蛋"的争论,有鸡则必然需要蛋,然而如果没有鸡也生不出蛋,到底是哪个先出现的呢?与此完全相同的问题也存在于微观生命世界中:"先有DNA还是先有蛋白质?"

催化细胞内化学反应的蛋白质掌管着生命现象,细胞结构和运动也是由蛋白质来支撑的。制造这些蛋白质的设计图就是DNA。没有DNA信息,就无法在合适的地方制造出适合的蛋白质。

然而,为了从DNA中提取信息并制造出蛋白质,则需要执行这一任务的蛋白质。本来,DNA的合成、复制、传递都是蛋白质的工作。换句话说,如果没有蛋白质就无法形成DNA。但如果没有DNA,蛋白质也无法制造出来。

在生命最初的原点,到底是哪一个先出现的呢?这是生物学史上最大的谜团。最古老的生命痕迹可以追溯到38亿年前的原始细菌中的碳。令人惊讶的是,在它其中已经具备了生命所需的一切,包括DNA和蛋白质。这真的可能吗?

因此,一度有人提出了"宇宙生命论"(又称泛种说):生命的起源并非在地球上,而是由来自宇宙的"种子"带来的。38亿年前的细菌是宇宙送给地球的礼物……

荒谬,太荒谬了。将不可理解的事都归结于遥远宇宙的另一头,只是一种逃避。那些所谓飞来的"种子"又是如何产生的呢?而且,这一理论根本没有解决先有DNA还是先有蛋白质的问题,不是吗?

听起来过于科幻和离奇的泛种说中,有一点倒是可以理解的。那就是可以把时间当作朋友。在生命诞生之前,应该经历了漫长的试错过程。无论是DNA还是蛋白质,首先必须具备构成单元(模块),否则就无法形成。这些模块(糖、氨基酸、碱基)应该是由更简单的无机物(如甲烷、氨等)在高温、高压或雷电等自然能量的作用下发生反应,逐渐生成的。然后,慢慢地、慢慢地连接起来。在生命起源之前,或许经历了比生命进化的38亿年还要漫长的准备阶段,也就是悠久的化学进化时期。

考虑到地球大约在46亿年前形成,在地球形成的八亿年后生命诞生，时间间隔未免太短了。

因此，认为在宇宙的其他地方可能已经进行了漫长的化学进化，是有其合理性的。也许在那里先形成了蛋白质，并发展出了一种现在地球上的生物不具备的机制，将这些蛋白质的信息复制到了DNA中……

因此，如果在"隼鸟号"带回的"丝川"星的尘埃中，发现了哪怕一星半点有机物的痕迹，"泛种说"或许就会具体起来。我如此想象着，尽管这种可能性微乎其微。

博士的
IT

谷歌浏览器

"谷歌一下"是学生们经常挂在嘴边的词，指的是通过搜索引擎谷歌来查找网上信息。当他们想要了解某些事情时，通常都会先用谷歌来进行搜索。最近，研究室里的学生正忙于撰写毕业论文。我偷偷观察正在操作电脑的学生，果然发现他们正专心使用谷歌搜索。他们使用的是谷歌浏览器。最近，和电脑上附带的微软IE浏览器相比，许多学生更喜欢使用谷歌浏览器，因为它"运行流畅"。我尝试使用后发现确实如此。而由谷歌提供的免费电子邮件服务（Gmail）和卫星地图（谷歌地球）使用体验尤其舒适。

然而，作为一名老师，我忍不住要开始"启蒙"了。你知道谷歌浏览器中的"Chrome"是什么意思吗？毕竟学过化学，应该是知道的吧。

"Chrome"指的是铬。为什么一个浏览器要取这个金属的名字呢？在日本，一听到这个金属名字，脑海中可能会立刻浮现出臭名昭著的六价铬。虽然在印刷和化学工业中有用，但其毒性强，曾导致水和土壤被污染，引发了严重的问题。即便在美国，由朱莉娅·罗伯茨主演的电影《永不妥协》也以这一环境污染问题为题材。一个浏览器以此命名，难道不奇怪吗？

但是，我们必须理解谷歌开发团队背后的用心。

在英语中,"Chrome"指的是铬合金或镀铬。例如,用于刀具和水槽的不锈钢是铁、铬和镍的铬合金。镀铬在日用品和金属配件的表面处理中也被广泛使用。但这不是有害的六价（氧化数的值）,而是无害的三价或单体铬。它处于非常稳定的状态,能够防止铁生锈并使其更耐久。事实上,"不锈"这个词的英文"stainless"就是指不（less）生锈（stain）的金属。

在英语中,提到"Chrome"时,通常是指镀铬的相框或画框,也就是"窗框"。因此,谷歌取名"Chrome（窗框）"可能是为了对抗微软的"Windows（窗子）"帝国。

不过,我的"启蒙"很快就被打破了。

"老师,你听说过Chrome OS吗？"

"嗯,没听说过,可以给我讲讲吗？"

"好的。谷歌正在开发一种新的操作系统,看起来和Chrome浏览器一样,但里面可以运行各种各样的软件。所有这些软件都是通过互联网传输的,无论是文件、邮件还是数据,都存储在互联网上。所以只要电脑上装有Chrome OS,连接到互联网就行了。启动也非常快,因为电脑上不保存任何数据,所以即使电脑出现故障或丢失也问题不大。"

"这个操作系统跟之前的谷歌服务一样是免费的吗？"

"对。据说最开始会免费预装在类似宏基这样轻薄又平价的上网本上,但因为操作系统的内容是公开的,所以之后个人也能够使用。"

"哇,太厉害了。所有的一切都是从'云'的那一边传过来的,这就是'云计算'的意思吧。"

最近的年轻人被说成是什么都不知道的一代,但事实完全相反。特别是在这方面,他们既敏锐又反应迅速。我要学的还有很多。不过话说回来,把所有东西都丢进云中是不是真的没问题呢?这种事情,用时髦的话来说就是历史观之类的,还是应该由我们这一辈的人传授给年轻人吧,这才是真正的启蒙。

穆利斯博士和希拉里

穆利斯博士是我非常尊敬的科学家之一。我曾经如此向往他那不拘一格的人生,甚至将他的自传翻译成了日语。他是科学界独一无二的天才。某天深夜,他和众多女朋友中的一位在开车兜风时,突然产生了一个天才级的想法,而这与划时代的DNA鉴定技术开发息息相关。凭借这一成就,他在1993年荣获了诺贝尔化学奖。当时的总统是比尔·克林顿。在前往瑞典参加颁奖仪式之前,他被邀请到白宫。克林顿总统曾被曝出疑似抽大麻烟。对此,克林顿窘迫地解释道:"我嘴巴碰到了,但没有抽进去。"穆利斯博士本人也曾尝试各种药物,甚至公开承认使用过致幻剂,引起了争议。因此,穆利斯博士本打算在见到克林顿总统时这样问他:"跟你一起混的伙伴里,难道没有人对你说过,'嘿,比尔,(只碰不抽)也太浪费了吧?'"

然而在会面室,总统匆忙地与他握手、合照后就迅速离开了,他没能提问。不过,穆利斯博士得到了与希拉里·克林顿交谈的机会。当时,希拉里因宣布要对美国的医疗保险制度进行重大改革而登上政治舞台,但有人对于总统夫人出面而感到不满。穆利斯博士也是其中之一。于是,他决定试探一下希拉里:"澳大利亚的医疗保险制度是怎么样的呢?"他本以为希拉里会敷衍过去，但她却精确地说明了澳大利亚的制度。穆利斯博士接着问道："那爱尔兰呢？"希拉里对爱尔兰的制度也给予了非常详尽的回答。惊讶的穆利斯博士说道："我对她刮目相看。她真的是一位了不起的女性，货真价实。"

之后，希拉里的崛起众所周知。在担任联邦参议员后，她在总统选举中与巴拉克·奥巴马一决高下。目前，她担任国务卿，在世界各地奔波。我也曾听过她的采访，她的英语非常清晰明了，对于任何刁钻的问题都丝毫不动摇，明确地进行回答，令人钦佩。在总统选举中，我也默默地支持过她。

最近听到她那流畅的言辞，是关于互联网自由的紧急声明。互联网，就像历史上出现的任何新技术一样，可以使这个世界更加丰富，但同时也具有损害世界的力量。它能够消除国界、连接世界，但也有可能通过阻止与控制制造出"封闭的世界"。因此，在当今社会，网络自由必须得到保障。这不仅仅是获取信息的权利，更是与"结社自由"紧密相连的重要人权，即人们"彼此连接的自由"。

穆利斯博士，您对此有何看法？

几百克的书架

通过在纽约居住的熟人关系,我提前购得了备受瞩目的iPad。那是在2010年4月,它在日本正式上市之前。尽管如此,我已经成功登录到日语网站并开始下载内容了。通过这次的经历,我真正亲身感受到了iPad的魅力。

最让我感兴趣,也最让我惊讶的是iBooks,即电子书的效果。我下载了《小熊维尼》的演示版,将iPad竖起来时,显示为纵向的一页;而横向持有时,显示为左右展开的双页。而且,可以用手指翻页,就跟翻开真实的纸质书页一样。你可以快速、缓慢,甚至是斜着翻开,或者在中途关闭。令人惊讶的是,你甚至可以隐约看到前一页的印刷。它的文字清晰,字体大小和样式也可以随意调整。由于是彩色显示,插图也非常漂亮。

此外,在iPad内还可以创建书架。从网上购买的书籍可以放在自己的书架上,展示出封面。

当我看到这一切时,不禁感慨道:啊,纸质书的时代真的要结束了。然后,我回想起了那些与书有关的旧日的悲伤回忆。

我既是虫子迷,又是书虫,总是把书带在身边。当我离开东京的父母,独自在京都开始宿舍生活时,对书的这种情感变得愈发强烈。

我没有朋友，也不参加社团活动，唯一的安身之处就是大学陈旧的图书馆（后来京都大学的图书馆已经重建）。检索都是使用卡片，通过书名或作者名查找。数百万张之多的藏书卡都整齐地存放在一个专用的宽敞房间里，在无穷无尽的抽屉中井井有条地排列着。

我翻动着卡片，在书架之间穿梭。从00类总记开始的日本图书十进分类法我全都背下来了。书库就像电影《玫瑰之名》中出现的迷宫一样，书架之间弥漫着古老的气息。翻开某本书一看，借书的印章已经是数十年前的了。

那时是80年代，浅田彰[15]如彗星一般出现在校园中。有趣的书应有尽有，我狭小的房间很快就被书籍和杂志填满了。在大学四年和研究院五年的学生生涯中，我积攒了大量的书籍。尽管房间的四面都是书架，地板上还是堆满了书。

后来，我决定去美国进行研究学习。那这些书该怎么处理呢？我请了一位在百万遍经营古书店的人来看看。他粗略地扫了一圈，庄重地对我说："你可以挑出几本有价值的书，给它们估个价。不过这么一来，剩下的全部都只能当垃圾了。"那时候，我大概

---

15 浅田彰是日本的评论家。1957年出生于神户，1981年获得京都大学经济学硕士学位。他于1983年出版《结构与力》，次年《逃走论》成为热议话题。现任京都艺术大学教授及大学院学术研究中心所长。除了教授艺术哲学，他还在诸多艺术领域展开了多角度的批评活动。

对很多事都感到厌倦了，想要一次性重置生活，从头来过。因此，我接受了他的另一个提议：将所有书籍一起打包卖给他，总共五万日元。

我清理了一切，轻装上路。但在那之后，我一次又一次地陷入了痛苦的悔恨之中：还想再读一遍那本书……我记得在书的某个地方这样写着……那句美妙的话是怎么说的来着？

现在，我可以确定的是，对我来说，我的藏书就是我的时间本身。我对纸质书的结构与手感的确有着深厚的感情。但是，如果我的阅读历程或者图书馆本身可以被完整地收纳在几百克的小小"书架"中，如果我随时都能翻阅我喜欢的书中喜欢的书页，那么，我对于选择这种书籍的新形式不会有丝毫的犹豫。

打破系统的
愉悦

横亘在面前的"系统"如同铜墙铁壁。即便是看似完美无缺的系统,也可能像蚂蚁的巢穴一样隐藏着微小的漏洞。从这些微小的缺陷侵入系统内部,最终就能摧毁整个系统。

这种梦想一直让科学少年的心激荡不已。这是一种非自己不能完成的隐秘大发现。

创办苹果公司的两位史蒂夫之一,史蒂夫·沃兹尼亚克(不是那个拥有敏锐商业嗅觉的史蒂夫·乔布斯),是个胖乎乎、性格温和的人,对数学情有独钟,是典型的技术宅少年。在英语中,这类人被称为"geek"(极客)或"nerd"(书呆子)。

阅读他的自传,会了解到打破系统正是他的出发点。他最开始是对长途电话系统产生了好奇。当时,电话仍然是脉冲式的。沃兹尼亚克发现,在拨打长途电话时,电话机发出的信号是某种特定的音频组合。于是,他尝试制作出了能够模仿这些声音的装置。通过操纵它,就可以随心所欲、自由自在地拨打长途电话。没错,打破系统的诱惑也来自一种不用花钱、超级划算的愉悦。

沃兹尼亚克解释说,他发现了系统的缺陷之后,本打算向电话公司报告。然而,已经与他成为朋友的乔布斯立刻表示：我们应该大量生产这个装置并卖出去。当然，这显然是一种犯罪行为。很快，他们两人就将注意力转向了计算机。

打破系统，其中一个最令人兴奋的事情就是字面意义上的"打破铁壁"，也就是越狱。

尽管这么说有欠思虑，但没有人不会对这种情况感到兴奋。或许正因为如此，越狱一直是小说、电影等作品中的一个重要主题。

在我迄今为止阅读或观看的越狱作品中，最佳的三部作品如下：

《逃出亚卡拉》：亚卡拉（又称恶魔岛监狱）是一座监狱岛，坐落在波涛汹涌的旧金山湾中。被监禁在这里的克林特·伊斯特伍德竭尽全力尝试逃脱。这是一部于1979年上映的美国电影。如今，亚卡拉岛已成为旅游胜地。

《肖申克的救赎》：由蒂姆·罗宾斯扮演的主人公是一名被冤枉入狱的懦弱银行职员。他经过漫长岁月，改变了自己在监狱中的待遇，赢得了狱友和狱警的信任。然而，这一切都只是为了一个目的。影片最后一幕，大海湛蓝色的景象令人叹为观止。这是一部于1994年上映的美国电影，原著是史蒂芬·金的小说。

《破狱》：吉村昭于1983年发表的小说。主人公佐久间清太郎是以被称为"昭和越狱王"的真实人物为原型创作的。因抢劫杀人入狱后，从1936年到1947

年，他运用自己的智谋和超凡的身体能力，先后四次成功越狱。特别是第三次，从网走监狱越狱时的手法更是让人瞠目结舌。小说也被改编成了电视剧，其中，清太郎由绪形拳扮演。没有其他演员能够比他更出色地扮演杀人犯了。

其实，我在上小学的时候，也曾想到一种打破系统的方法，可以免费寄信。细节就不详述了，我自己觉得那是个相当不错的点子。但是，作为一个胆小的人，我最终没有勇气去实施它。

人们之所以有时候会对打破系统的行为喝彩，或许正因为个人向强大力量挑战的姿态会让人产生深深的共鸣。打破系统不能太小家子气了，我没有实施那个点子，其实也挺好的。

最近的
年轻人啊

与学生交谈时,有时会让我觉得他们连这种事都不知道吗?但仔细想想,"这种事"大多是我自己学生时代的所见所闻,现在的年轻人不知道这些是理所当然的。

事物会经历开端,波动起伏,最终归于平静。人类的一切都是这样的波浪。年轻人的特质在于能更敏锐地感知这种时代的变化,灵敏地做出反应,并将其变成自己的经验。他们能够捕捉到我们老年人已经感受不到的特殊波长和频率。光的颗粒和事物的轮廓在他们的眼中清晰可见。

然而,时代的变化究竟会在哪里出现却是完全无法预料的。以音乐为例,爵士乐是在20世纪50年代,摇滚乐是在60年代,流行歌曲则是在70年代经历了革新。置身于旋涡之中让人感到兴奋,一切新出现的东西都崭新无比,充满了戏剧性。我也渴望活在那样的浪潮当中。然而,每一次我注意到变革时,潮水都已经开始退去了。要么就是再次涨潮时,我已经没有足够的年轻与活力做出反应。我是一个总是迟到的年轻人。

我有没有亲身见证过某种变革的经历呢?我有点悲伤地思考了一下,发现实际上是有的,那就是计算机。我之所以想到它，是因为在某个事件的报道中我听到了一个让人怀念的词：软盘（FD）。那是发生在2010年的一起检察机关篡改数据的案件。

现在的年轻人应该从未使用过软盘。首先，他们的电脑也根本没有配备软盘的插槽。但是当3.5英寸的软盘首次出现的时候，我真的觉得它是划时代的。那之前的软盘更大，非常单薄，经常发生读取错误。不过，我们这一代真正见证黎明期是在更早的时候。

我刚进大学的时候，卡西欧发售了一款不可思议的计算器：FX-502P系列。它不仅仅是一个普通的计算器，还可以编程。换句话说，它是个人计算机的原型。虽然对于我这样的穷学生来说，它相当昂贵，但我立马就买了下来。然后，按着一个个小小的按键，我边学边模仿着输入程序。令人惊讶的是，我成功地做出了一个游戏，并且能够让它运行起来。小小的窗口中显示出数字1和0，然后将小数点当作球来打高尔夫。把音阶和音符编码化输入后，它就能演奏乐曲。由于制作的程序无法存储，我就把它输出到外部磁带上进行录音。

这样的初体验，引领着我们踏上了此后见证个人计算机大变革的征程。因此对我来说，如今的电脑只是一个整洁的小盒子。

比我小一轮，现在四十岁上下的人们又有着怎样的变革体验呢？我询问了那个年代的朋友，他迅速回答说，是游戏机吧。他正好是家用电视游戏机流行的一代，所以亲眼见证了游戏的进化史。现在的孩子们应该完全无法想象这一代第一次看到"多边形"时的兴奋。所谓多边形，就是由计算机图形软件创建的立体图形，其立体感、表面的平滑度以及动作精密度的变化，都完美体现了电视游戏的发展。不光是现在的孩子们，就连我也弄不懂这种兴奋。

人们总是容易发出"最近的年轻人啊"这样的叹息，但不应该这么说。他们有他们自己的时代，并正在亲身体验着变革。这一切都将成为他们的素养。

万事通博士
大战超级计算机

不知为什么,智力问答竞赛节目在世界各地都非常受欢迎。在美国有一档长青的智力竞赛节目叫作《抢答》。这个节目采用经典的形式,题目被分为不同类别,分别设有标明奖金金额的牌子,问题会在牌子翻开后出现,参赛者需要迅速按下按钮来回答。

在这个节目中出现过两位曾创造了惊人纪录的"万事通博士"。一位是创造了不朽的74次连胜纪录的肯·詹宁斯先生,另一位则是赢得了325万美元奖金的奖金王布拉德·鲁特先生。

说到知识渊博的"万事通博士",全世界都有一种共通的刻板印象或者说固定形象,比如木偶剧《突然出现的葫芦岛》中的博士是戴着黑框眼镜的瘦脸少年,而《雷鸟神机队》中的布莱恩也是戴眼镜、顶着花盆一样大脑袋的宅男形象。不过,詹宁斯先生和拉塔先生并不符合这样眼镜男子的形象,更像是普通的好青年。

这两位都曾参与过与"沃森"对战的特别节目。沃森是由IBM的25名科学家花费4年时间制造的超级计算机,以IBM创始人托马斯·沃森的名字命名。它输入了来自数百万册书籍、电影剧本、百科全书等的庞大知识。

实际上，在某些问题方面（像是关于披头士乐队之类的问题），沃森一直表现出色，势如破竹，但在中途，它也会犯一些奇怪的错误。《抢答》采用独特的提问形式，例如，有一道题是"该城市最大的机场以二战英雄的名字命名，第二大机场以一次二战战役的名字命名"。正确答案应该是芝加哥（两个机场分别是奥黑尔国际机场和中途国际机场），但不知为何，沃森却回答"多伦多"。

这涉及人工智能研究的问题。如果只是单纯地询问知识的话，只要在网上搜索不就行了吗？但沃森所追求的并不是成为数据库，而是能理解人类的语言，并给出恰当的答案。

在上述问题中，沃森没能判断出自己被问到了什么。如果以"拥有这样的机场的美国城市是哪一个？"这样明确的形式提问，它应该是能够回答出来的。但人类的语言并不总是那么明确，也存在很多模糊的情况。

人类的语言（我们称之为自然语言）包含了许多模糊性、语法错误、重复和省略等现象。尽管如此，我们仍然能够理解对方说的话，并给予回答。通常这背后还存在着大量的文化语境。例如，在日语中，"认知"一词不仅仅是理解的意思，也可能指认领和养育私生子。

这实际上是一种高级的信息处理，能够从模糊中解读出对方的意图。机器程序执行的输入与输出之间的一对一对应关系,与人类思维所具有的灵活性有着本质的区别。

然而,知识量更胜一筹的沃森最终赢得了这场比赛。

话说,我自称为博士,也许很多读者会认为我是一个知识渊博的人,但事实并非如此。首先,我没法像他们那样快速按下按钮。即使知道答案,也无法立即想起来。尽管如此,前段时间我还是很不好意思地参与了一个叫作《小组智力竞赛攻答25》的节目。不过,我并非参赛者,而是作为"问题"出现了。最后一轮以爱琴海游轮游为奖品,获得最高奖的人需要通过线索照片说出某个人物的名字。结果,出现了我的书和照片。然而,参赛者没能回答出来。大家对我的"认知"程度根本还不足以成为考题。对于参赛者,我感到非常抱歉。

考试是什么？

2011年2月，发生了一起前所未有的事件，京都大学等大学的入学考试试题在考试期间被上传到网络问答论坛，并在考试结束前被填写了答案。对于曾经参加过京大入学考试，现在又身处出题和监考一方的我来说，这完全是一件令人惊愕不已的事。

长期以来，入学考试相关的舞弊事件一直存在。然而，手法都极其原始。

曾有一所著名大学医学部的入学考试试题是在监狱内印刷的。一名模范囚犯在协助印刷时偷偷地把试题藏在球里，在运动时间假装不小心将其投掷到了围墙外边，外面的同伴收到后将试题全部泄露。而这一事件是由于泄题者与那些事先高价购买了入学考试试题，却没能合格的人之间起了内讧而东窗事发的。

还有冒充他人参加考试的替身考试案例。我记得很久以前在报纸上读到过一位父亲为了女儿男扮女装参加女子大学考试的奇闻。

然而，现在已经不是"球"的时代，而是试题在考试期间被实时泄露到网上的时代了。

阿加莎·克里斯蒂小说中的名侦探波洛曾说过，推理案件时最重要的是"机会和动机"。机会，即瞄准了怎样的时机，如何实施这场泄露。我最初推测可能存在多名共犯，通过特殊的偷拍手法，将信息用无线电发送出去，再由外面的共犯发布在网上……真相今后应该会被查明吧。后来才知道，真相竟然是单独作案，是用藏在两腿之间的手机打字发布的。

但是动机又是怎样的呢？看起来他是认真地想要靠作弊通过考试，可一旦发布在网上，那么作弊行为也将同时被公之于众。他并不知道自己能否在考试时间内完成回答，也不知道答案是否正确。即使去厕所偷偷接收消息，这一行为以及和网上答案一样的答题纸也会被作为证据留存下来。无论怎么想，风险都太大了。看似缜密，实则疏漏，这就是考试机器容易陷入的陷阱吧。

相反，如果他是纯粹以犯罪为乐的人呢？那样的话，对我来说冲击就更大了。

我并不是想讨论高科技作弊法的出现，而是我觉得，这是向我们出题人发出的一封质疑"考试到底可以测出什么"的本质性战书。

过去，要通过中国古代的科举考试，必须熟读四书五经。因此，在衣服里侧或缝头处用微型字体抄写的经典作弊纸曾横行一时。目前，日本的司法考试中允许借阅六法全书，并且许多大学都允许在考试中携带英日词典。

也就是说，只要查一下、搜一下就能得到答案的问题，已经不在考试题目的范围了。因为它无法成为衡量个人能力的手段。正因为如此，尽管我们明明知道在批改中会花费大量的精力和时间，但还是设置了类似数学应用题的说明性与论述性问题。

然而，这一事件却意外地告诉我们，即使是这样的问题，如今也已经进入了只要"查一下，搜一下"就能得到答案的时代。故意将考生们关在密室中提问，到底又有何意义呢？

因此，我们真正需要思考的或许是，要将即使在持有手机、可以在互联网上搜索和提问的情况下，也有提问价值的问题作为考试题目。

然而，这样的问题真的存在吗？也许，这个问句本身就是一个非常出色的现代性问题。

博士的
阅读

我、我、我

福冈博士我这一代人就像是战后民主主义的产物。小时候,大家都生活在户型相似的团地住宅区里,家庭结构也大同小异,读的书籍也差不多。在把《怪医杜立德》系列之类的岩波童书通读了一遍后,我的兴趣便转向了福尔摩斯和鲁邦。不久之后,我开始着迷于星新一,接触到了新颖的故事形式。

随后,从小学高年级到初中,分化开始了。一部分人走向了类似《透镜人》这样的硬科幻方向,另一部分则更倾向于文学,或者不知为何踏上了新田次郎笔下的孤高之路[16]。我则对这两个方向都若即若离,尝试着接触大家觉得有趣的各种东西。曾有人劝我:"福冈君,现在不是看这看那的时候。筒井康隆是唯一的选择。"

读完他的《马在星期六脸色苍白》后,我真是如字面所述地脸色苍白。作者对第一人称"我(ore)"[17]

---

16 新田次郎的代表作有《孤高的人》。
17 此篇文章出现了日语中常用的三个第一人称,分别是俺(おれ/ore)、仆(ぼく/boku)、私(わたし/watashi),根据身份、性别、年龄等区分使用。一般来说,俺(おれ/ore)是男性用来指代自己的较为随便、粗鲁的说法,多用于私下场合,对同辈或者晚辈使用;仆(ぼく/boku)则由男性对同辈或长辈使用,给人亲近、随和的感觉;私(わたし/watashi)男女都可以使用,而男性在使用时显得更为正式,给人礼貌、郑重的感觉。翻译上考虑到读者的阅读习惯,统一翻译为"我",并在后面括号中标注读音。

的自如使用令我感受到了冲击。因为像我这种胆怯内向的少年，无论口语还是书面语，都绝对不会称呼自己为"我（ore）"。而"我（ore）"引发一系列痛快、色情、混乱事件时的随意自在，更让我瞠目结舌。

为什么会突然想起这些呢？因为最近读到了一篇关于第一人称的有趣文章。一提到"我（boku）"，大家都会想到村上春树的小说（《1Q84》〔新潮文库〕尽管是以第三人称写作，但也能读作第一人称，村上已经达到了这种令人惊叹的境地，不过这里不多讨论）。在他的名作《世界尽头与冷酷仙境》（新潮文库）中，由"我（watashi）"讲述的章节和"我（boku）"的章节交替展开。

要面对这史上最大挑战的，正是这部小说的英文译者，翻译家伯恩鲍姆。在英语中，"我（watashi）""我（boku）"和"我"（ore）都翻译成"I"。那么，如何将"我（watashi）"与"我（boku）"相互交织的这两个平行世界翻译得清晰明了呢？据说，伯恩鲍姆当时想出的解决方案令另一位村上春树的著名译者杰·鲁宾表示"值得脱帽致敬"（见月刊《文艺春秋》2010年5月号）。原来，伯恩鲍姆将"我（watashi）"的章节翻译成过去时，将"我（boku）"的章节翻译成现在时，完美地将两个世界分别刻画了出来。这确实太精彩了。也许，正是这种翻译方法给了村上先生后来在小说中使用现在时的灵感。

当我深深迷恋上筒井康隆的"我"（ore）"时，有一次听说筒井先生将亲自出席某个活动,我便带着他的书和签字笔赶了过去。当我战战兢兢地请他签名时,惊讶地发现筒井先生本人既稳重又和善,一点儿也不像他笔下的"我(ore)"。筒井先生没有用我递过去的签字笔,而是从胸前取出一支高级钢笔,流畅地签下了名字。那支粗字钢笔的笔致真是帅呆了。

"岁月流逝,没想到我也开始了写作。"虽然有些不好意思,但这里的第一人称就是福冈博士我。有时候,也会有人向我要签名。虽然无法与筒井老师那种优雅的风度相比,但我还是决定使用粗字钢笔。那是一支大桥堂手工制作的钢笔。在塑料盛行的今天,它诞生在仙台的工坊里,采用硬质橡胶制成的笔身一支支经过手工打磨,精心制成。表层涂有大漆,轻巧简约。书写感觉非常顺畅,墨水完全不晕染,售后服务也很完善。前几天,笔帽的边缘有些开裂,于是我将它邮寄回去修理。收到修好的钢笔后,我看不出任何损坏的痕迹,也不知道是怎么修好的,甚至连一点划痕都没有。大桥堂表示他们从不使用胶水,那难道是特意为了我重新打磨了螺纹槽吗?不愧是制造之国的职人手艺。修理费税后3150日元,要求以邮寄形式寄回。这种做法也很有老派风范啊。

如果下次我们在某个签售会上相遇,请务必看我手边的钢笔。

触及源头

我喜欢的书籍中有一本名为《玉川》(村松昭著,偕成社)。这本绘本以鸟瞰的视角细致地绘制出了从奥多摩的源头开始,穿越东京和神奈川的中间地带,最后从羽田机场旁边注入东京湾的河流路径。

或许是作为一名科学家的个人偏好,我对于明确标注起点和终点,并好好对待其间过程的事物有着很大的好感。也许,这就是所谓的地图爱好者吧。喜欢铁路路线图的人也可以算在这一类中(相反,不需要地图这种麻烦东西,凭直觉哪里都能去的人则被称作地图厌恶者)。

还有一本可以称之为《玉川》原型的老书,那就是加古里子的《河》(福音馆书店)。这本书用朴素的笔触描绘了河流的一生,并包含了精心设计的内容,如果把每一页拼接起来,就会连成一整条河。如此程度的痴迷,方可谓真正的地图爱好者。

我居住的二子玉川附近,恰好是多摩川与它的支流野川汇合的地方。

野川虽然很小,却独有一番风情,因为它是一条正儿八经的河流。

在东京,曾经有许多河流,如今大多都被改造成了管道,封存在地下。而地面上的部分则变成了所谓的步行"绿道"。但散步的话,还是更想沿着水边,伴着流水行走啊。

野川的特别之处在于，它既有水流又有水面。它与多摩川汇合处的周围被一片小森林覆盖，留心观察，你便会发现偶尔飞过的碧绿翠鸟。如果说这里是野川的终点，那么起点又在哪里呢？能够明确追溯源头，这也是野川了不起的地方之一。一路追溯过去，野川穿过了成城和调布等住宅区，向西北延伸。沿途要从东名高速、小田急、京王、中央等线路下方穿过，途经国际基督教大学的森林边缘，最终抵达国分寺。虽然河面已经变得相当窄了，但野川依然存在，并且经常能看到标有"野川"的标志。

当河流穿过中央线时，突然间就像被吸入其中一样消失得无影无踪。那一带被栅栏和树篱围起来，是一片广阔的空地。野川就是从这里发源的。

这里其实是日立的中央研究所，一般人是不能进入的。地面起伏不平，森林茂密，还有一个很大的泉水池。野川的水源就在这里。

据说，这个地方就是村上春树的杰作《世界尽头与冷酷仙境》中那个封闭而静谧的世界的原型（根据《大象回归平原之日》〔久居椿与桑正人著，新潮社〕中的说法）。这么一说，我也有了那种感觉。毕竟，春树先生曾在国分寺开过爵士酒吧"彼得猫"呢。

就这样，顺着河流向上游追溯，我们能够触及野川的源头。这样的河流实际上并不多见。说起来，《触及源头》（早川推理文库）是一部20世纪80年代悲伤而唯美的青春小说。主人公是一名在冲浪与毒品的日子里沉浮的少年,他努力寻找着什么,挣扎着想要触及自己的源头。写出这样一部出色处女作的作家肯姆·纳恩后来如何了呢?恕我孤陋寡闻,我并不知道。

但是,我为什么会被河水的流动所吸引呢?为什么想要确认起点和终点呢?触及源头有什么意义呢?我想这大概与河流本身的形态有关。河流似乎总是作为河流呈现在眼前,但却又永远不在那里。因为,作为实体的流水永远不是同样的东西。这恐怕就是动态平衡的本质吧。

日立研究所的庭园,在每年的春季和秋季会开放一天以供参观。

俄罗斯的
村上春树

2011年夏天,我造访了俄罗斯。目的是为NHK BS频道播出的生物学科普节目《生命戏剧性特别版》做采访。地点位于诺沃西比尔斯克,诺沃意为"新",西比尔斯克则是"西伯利亚的城市"的意思,它位于鄂毕河畔,正处于西伯利亚的中心。要前往这个我之前只在地图上见过的城市,需要先飞到莫斯科,然后再搭乘国内航班折返大约一半的路程。

这座城市的郊外有一座名为"学院小镇"的研究城市,据说是日本筑波市的范本,但氛围却大不相同。针叶林中点缀着若隐若现的低层建筑,给人一种别墅度假区的感觉。我们访了其中一个研究所,因为那里正在进行非常罕见的研究。他们成功"驯化"了具有高度警戒性和攻击性的狐狸。尽管"驯化"一词给人一种拔去野生动物的獠牙令其顺从的印象,但事实上,研究人员是在选拔出"聪明"的动物。他们选择的是那些能通过观察人的眼睛来理解人类想法的狐狸,这使野生动物与人类的界限更加模糊。这项研究对于探讨生物学上的智慧的本质具有深远意义。此外,值得注意的是,人类对它们的驯化在短期内已经在遗传层面上固定下来。

回程同样是经由莫斯科。由于转机的时间比较充裕，我和拍摄团队分开，前往市区游览。我对俄语一窍不通，R和N的字母颠倒了，还有一些像星号或表情符号一样的字符，完全看不懂。但这反而激起了我的兴趣。我做了一张俄语字母对照表，拿在手上开始探索城市。

我去了莫斯科首屈一指的书店，叫作"书屋"。"Харуки Мураками"——大家知道这是谁吗？书店设有特别的区域，陈列着几乎他所有的作品，《1Q84》厚厚地摞成一堆。看来村上在俄罗斯也相当受欢迎呢。作为纪念，我买了一本俄语版的《国境以南太阳以西》，尽管看不懂。价格是300卢布，书籍相对较便宜。与日文版不同，封面是一张很酷的酒吧照片，让人联想起故事的背景。在这里，主人公与少年时代一起度过短暂时光的岛本再次相遇。不用说，这个设定也是源于《1Q84》中的情节之一。

之后，我去了红场附近的俄罗斯国立图书馆（原来的列宁图书馆）。宏伟的建筑物前矗立着一座庄严的陀思妥耶夫斯基雕像，果然不错。我办理了手续，进入了图书馆。空气中弥漫着一股怀旧的感觉。日本的大型图书馆都经过了翻修和翻新，变得明亮但缺乏情调，但这里却散发出古朴的气息。装着卡片式藏书卡的抽屉整齐地一字排开，当然，也有电子终端设备。

外人无法进入的地下大书库拥有数千万册藏书，简直就是一个巨大的迷宫，我曾在某处读到，那里面有秘密电梯，可以在万一发生核战争时连接到政府要员专用的地铁，通往郊外的参谋总部和军用机场。这是都市传说吗？

我推开厚重而高大的双开门，轻手轻脚地走进了阅览室。一瞬间，我感到一阵眩晕。天花板很高，空旷的大厅里整齐排列着古旧的桌子和深绿色的座椅。零零星星坐着的几个人正专心致志地埋头看书。在中央的高台上，有一尊巨大的列宁雕像，他手持书籍端坐着，俯视着整个大厅。现在是哪一年？也许从很久以前开始，莫斯科的知识分子和学生就是这样在这里度过时光的。不知何故，我的心感到一片宁静。

俄罗斯是一个与各种桎梏相伴的国度，但另一方面，它也是一个一直守护着重要事物的国度，无论是在语言上还是在生物学上。虽然这是我第一次来俄罗斯，但我对奇妙的俄语文字形状和拼写更加感兴趣了。

令人怀念的
未来

刊登我专栏的《周刊文春》有一个著名的连载作品《阿川对谈》，我尊敬的筒井康隆老师也在里面出场了。我几乎读过筒井老师所有的作品。筒井老师讲述了海外经典科幻小说被陆续翻译至日本那段黄金期时的兴奋。他想，原来竟有这么厉害的东西啊。然后还引用了翻译家柴野拓美的话来形容当时的冲击：

"只能用'惊奇之心'来形容了，读科幻的各位应该都知道的'那个'！"

对于只能用"惊奇之心"来形容的"那个！"，我也深有同感。当然，那是在筒井老师亲身经历很久之后，我才得以体验的。

那时我还是小学生，应该是昭和四十年代初期的事。岩崎书店出版了《科幻世界名作》系列。因为它们摆在图书馆里，我就在无意中开始了阅读，然后，整个人感到一阵冲击，仿佛被一股强烈的电流从头到脚贯穿了似的。

这套书不知道是谁编的，现在回想起来，选书真是太棒了。二十多卷中，既有爱德华·埃尔默·史密斯的《宇宙云雀号》、儒勒·凡尔纳的《地心游记》、柯南·道尔的《恐龙世界》等经典名著，也选入了一些较为冷门的作品。当然，当时的我并不懂得什么是主流什么是小众,只是一本又一本如饥似渴地读下去。

解读写在古老羊皮纸上的卢恩文字,在冰岛的山岳地带发现通往地球中心的入口,开启探险之旅;地底是一片无垠的黑暗大海;在与世隔绝的茂密森林深处的台地,生活着幸存下来的远古生物;与从宇宙飞来的未知生命体交流,或是远赴数光年以外的星球,坠入深海的宇宙飞船窗外开始出现文明的痕迹。

这种阅读体验对我来说极富感性。每个故事都配有插图,这也是崭新的风格。直到后来我才知道,这些插图的绘制者阵容十分豪华,包括和田诚、长新太、久里洋二、田名网敬一、真锅博、柳原良平等。而且插图数量众多,几近奢侈。在之前,说起故事插图,我只知道老套的写实画风,对于这套书中平面艺术般的视觉体验感到异常新鲜。他们的画作也深刻影响了整个故事的氛围呈现。

此外,书的设计也很酷。翻开书,红色的扉页上用各种各样的字体写着"SF"二字。我暗自为自己姓名的首字母感到骄傲。

《科幻世界名作》系列拥有着无与伦比的趣味性和无尽的深度,最重要的是其难以估量的自由度。无论是当中的哪一本,都呈现了与我之前所知道的任何故事都不同的世界。我感受到,"原来竟有这么厉害的东西啊",突然间发现了之前未曾注意到的世界的丰富多彩。这确实是一种只能用"惊奇之心"来形容的感受。同时,我也领悟到了当科学披上虚构外衣时所带来的自由感。

从此以后,我的阅读范围逐渐扩展到早川文库、创元推理文库等(反过来,我也了解到《科幻世界名作》被巧妙翻译和修改的过程)。然后,我开始接触到了筒井老师的作品。顺便提一下,我记得筒井老师自己也曾对这个系列表示过赞赏(《筒井康隆全集》〔新潮社〕)。

我突然心血来潮,想查查看这个系列现在还能不能买到,结果吓了一大跳。二手书都卖到了每本1万到2万日元的高价!啊,原来还有很多人怀着和我一模一样的心情,在寻找这个令人怀念的未来呢。

男人收集物品的
理由

有些人会收集在别人看来无聊至极的东西,而这在男性中尤其常见。为什么会这样呢?我的假设是这样的:在生物界中,雌性是最先出现的,它们是生命的基本形态,能够在不依赖任何外部力量的情况下自我繁衍,即所谓的单性生殖。即使是现在,蚜虫(别名油虫,但不是蟑螂[18])这样的昆虫仍然保持着这种繁衍能力,因此它们能够以惊人的速度不断增加。它们的后代拥有来自同一个体的相同基因,也就成了克隆体。

这种机制虽然非常高效,但也有一个不利之处。在环境稳定的情况下,一切都好,但当环境发生剧烈变化时,就无法产生能够保证个体生存的多样性。

于是就有了雄性。它们是由雌性改造而来的。雄性的角色是连接克隆体与克隆体之间的桥梁,更确切地说,它们是把母体的基因传递给其他雌性的信使。通过这种方式,基因会被重新组合,从而产生多样性。因此,在那之后,许多生物都将生存策略从单性生殖转变为有性生殖。像蚜虫这样灵活的生物,在适宜的季节进行单性繁殖,当天气开始变冷时,就开始

---

18 在日语中,蟑螂也可俗称为油虫。

生产雄性以进行有性生殖。

由此可见,雄性本来是给雌性跑腿的。但是,由于雌性很"贪婪",它们不仅要求雄性传递遗传基因给其他雌性,还开始要求雄性在归途中带回食物和水,为自己建造巢穴,或者给自己摘朵花等,随心所欲地让雄性为其服务,否则就不允许它们交配。没有礼物就会受到责备。因此,雄性变得越来越勤勤恳恳,一旦有多余的食物,它们就会在回家的路上找个地方藏起来。雄性之间也开始相互交换或者借贷物品。

这就创造了契约,产生了经济,形成了社会。因此,收集物品的习惯或许就起源于此。

说起来虽然有些羞耻,但我也收集了很多别人看来无聊至极的东西。其中最多的是虫子,主要是天牛和蝴蝶的标本;其次是硬币,我按年号收集了明治和大正年间发行的一元银币;再次是书籍,正如上一篇所述,我计划再次收集我小时候读过的岩崎书店出版的《科幻世界名作》系列。不管怎么说,那既是我想象力的原点,内容、插图和装帧也都非常精彩。不过,很难在二手书市场上找到这套书,即使找到了,价格也相当昂贵。

收集物品的基本原则是一点一点慢慢来。比如说,硬币的话,可以去全国各地的古董商店和古币店转转,参加各种活动(例如定期举办的硬币展览会,爱好者人数之多令人惊讶），尽可能以较低的价格一枚一枚找到品相好的硬币。稀有年份的硬币被称为"特年"，不仅数量极其稀少，而且价格昂贵，因此非常难以获得。然而，收集物品的乐趣就在于一点一点慢慢来这个渐进而琐碎的过程。

然而，前些日子，网上拍卖中突然出现了一件名为"《科幻世界名作》全套26卷"的惊人藏品。起始价格是30万日元。一瞬间，我感到目眩神迷。其中甚至还包括了几乎从未在市场上出现过的《坠落之月》。每本书都装在当时发行的盒子里，并附有仅在初版中使用过的设计插图。

但是……在收集物品的过程中，花费时间四处寻觅和探索才是最大的乐趣。一次性购买是犯规的。这些书原本不过就是几百日元吧？但是……像这样的机会不会再有第二次了吧。人生苦短，有时得咬紧牙关。话虽如此，如果价格飙升到令人难以置信的高价的话，啊……福冈博士迷失了方向。故事的结局将在下篇揭晓。

"记忆"书店

一提到中野,我就有一种奇妙的感觉。少年时代的记忆和成年后的经历,通常应该是不连续的,但在这里却以一种亲密的方式联系在一起。由于有了一点空闲时间,我决定久违地去一趟中野。

穿过拱廊,迎面而来的是一个异世界。仿佛有一堵看不见的墙横贯于它的入口,地板的样子首先就不一样了。然后,空气的感觉也变得不一样了,人们的着装和样子也变得不一样了,时间的流速似乎也不同了,简直就像穿过查理检查站,从西德进入东德一样。

摆在入口处的店铺地图上写着"东京最后的秘境"。是吗?现在都这样自报家门了。在中野百老汇,各层都是门面只有几米宽的小店铺,挤挤挨挨。卖的东西千差万别:服装、杂货、名表、音响、硬币、手办、漫画……这里虽然被称为"九龙城"和"御宅族圣地",但又跟上野的阿美横商店街[19]或者秋叶原不一样。这里是像完成了独特自我进化的加拉帕戈斯群岛那样的地方。

---

19 全名为阿美横商店街连合会(アメ横商店街連合会),是位于JR上野车站到JR御徒町车站高架下周边的商街区域,约500米长的路面上开设了将近400间店,包含海鲜、水果、点心零食等食物,也有鞋包、饰品、杂货等,十分富有庶民风情。

我来到了四楼。要找的一家书店就在这个楼层的一角，名叫"记忆"。这是一家以漫画旧书闻名的连锁店中的一家分店，里面摆放着我在成为博士很久之前曾经痴迷过的科幻小说、推理小说、童话，以及曾经风靡一时的新时代、反主流文化以及后来蓬勃发展的新学院派书籍。店里五花八门地摆满了这样的书。

我在找的是岩崎书店于20世纪60年代末出版的《科幻世界名作》系列。也许是上了年纪的缘故，我时常会想起曾经贪婪阅读过的这套书的装帧和插图，还有里面各种各样的场景，现在我想再读一遍。然而，这套书如今很难找到，已经成为具有珍稀价值的珍本了。

我试着问了一下从我身旁经过的店员。他比我年轻得多，当然不可能像我一样痴迷地读过这个系列。但没想到，店员对这个系列竟然非常了解。他一定是真心热爱书籍吧。他告诉了我一个意外的消息："最近即将举行的网上拍卖会上将拍卖全套书籍，共26卷。只是价格挺高的，起拍价是30万日元。"然后，他还很友好地向我解释了拍卖的原理。

拍卖的系统设计得确实很巧妙。一般来说，提到拍卖，会让人觉得价格在竞争下会被不断越炒越高，其实不然。谁出价多少是看不见的。只有出到了最高的价格，才会在那一刻得知自己获得了中标的权利。这会持续一段时间，其间可以多次重新出价。最后，出价最高的人会赢得商品，但这时需要支付的金额不是他所出的价格，而是第二高的出价加上100日元。换句话说，在一次次出价的勇气被认可的同时，也不需要以极高的价格购买。

我在这个时候决定，要大手笔地一次性购买。先试着出了高一成左右的价格。如果很快就被超过了的话，那就放弃吧。就这样，我在忐忑不安中度过了新年。如我所愿，果然没有出现更强劲的竞争对手，我很轻易地拍到了这套书。

我打开邮寄来的包裹，激动得快要停止呼吸。一切的一切都和从前一样。"记忆"书店，这个名字多么绝妙啊。

在物质上，如今的我和曾经的我已经完全判若两人了，唯有记忆在微弱地维系着现在与过去。自我同一性只能依靠这些脆弱的记忆。从现在开始，我将花时间一本一本、一页一页地逐一确认。在这种地方，能够找到上了年纪这件事里的一丝小小喜悦。

小说之力

"我叫凯西·H，今年三十一岁，做看护人已经十一年多了。"

故事从这句话开始。

凯西在英国南部的一家康复中心巡视，照顾着自己负责的"供应者"。她倾听他们的故事，鼓励他们，有时带他们出去散步。她小心翼翼，尽量不让"供应者"感到不安，就这样一直守护着他们直到最后。

只有在偶尔的时候，凯西的思绪会飘回她在黑尔舍姆寄宿学校度过的童年时代。老师，球赛，校园里的小径，洼地，有鸭子游泳的池塘，每个学生床底下都有的百宝箱，还有她的好友露丝和心爱的汤米……

几年前，我第一次读到石黑一雄的小说《莫失莫忘》(日文译本由早川 epi 文库出版)时，受到了巨大的冲击。

故事讲述了背负着器官捐赠命运的克隆人短暂而有限的人生。光听这句话，会让人觉得它是一部未来科幻小说。(故事背景正好是在克隆羊多莉诞生时的英国。)而随着主人公的命运之谜逐渐被揭开，它读起来又像是一部悬疑小说。

然而，这部小说既不是科幻也不是悬疑作品，它既不是对文明的批判，也没有渲染特殊的寓意。它只是用非常浅显的文字，淡淡地描绘，将凯西和围绕着她的记忆像用镊子一层层剥开薄薄的皮一样细致地叙述。当中蕴含着一种无限透明的、充满寂静的悲伤。

让我受到冲击的是这些文字的清晰度和想象力的广度。

作为科学家,我们也重视文字的清晰度,并试图在思考中将想象力尽可能地向远方延展。

然而,石黑的小说以比科学更精致的方式,追寻着情感的起伏和思考的流动,并发挥了比科学更为强大的推动力,将读者带往地平线那一边的远方。啊,小说之力真是不可抵挡啊。我强烈地感受到了这一点。从那以后,我就成了石黑一雄的铁杆粉丝。

他在日本出生,但在英国长大,并用英语写作。他的作品虽然不多,但每一部都有着独特的魅力。我认为石黑的小说世界涉及了两个相互关联的主题:成年以及记忆。

随着年龄的增长,我们会逐渐失去各种东西。梦想、希望、可能性……这就是成年的含义。但有一样东西永远不会被夺走,那就是我们的记忆。

《莫失莫忘》在2010年被改编成了电影。通常情况下,小说的粉丝在观看被改编后的作品时都会深感失望,但这部电影却非常出色。它以克制的调子,精湛地描绘出了小说世界中的透明感和静谧氛围。饰演凯西的凯瑞·穆里根的表演也十分克制,这种克制使人更感到心痛。

这个故事受到的批评之一是,为什么主人公不去努力反抗自己的命运。但观看完电影后,我感到答案变得更加清晰了,因为电影对小说进行了更深层次的解读。

在电影的最后一幕,凯西凝视着远方的夕阳,一边回忆一边轻声自语道:

"我们拯救的生命与我们自己的生命到底有多大的差别呢?我们都会度过自己的一生。也许,无论身处哪一方,我们都不会知道自己究竟为什么而活。而且无论选择哪条路,似乎都不会觉得自己拥有足够的时间,不是吗?"

最不畅销的书

这本书是福冈博士我出版的书中最不畅销的一本。尽管想起来令人悲伤,但这是我的第一本书,由一家小型出版社出版。首印三千本,既没有引起话题,也没有收获好评,自然也没有再版(销量不佳不会进行加印),就这样销声匿迹了。这样的书,在不知不觉间也会从愿意陈列它的零星书店的书架上消失。(在几个月内,书店里无法售出的书将被退回给出版社。书籍也有保质期,因为新书不断问世,而书店的空间有限。)出版社仓库里剩下的库存,也会在接不到订单后最终被处理掉,这本书便绝版了。

但我很喜欢这本书。它不是我自己写的,而是我翻译的一本英文原著。我之前没有出过书,也没有接受过专业的翻译训练。由于一系列偶然的机会,"试着翻译出来怎么样"?事情就是这样。这也算是一种缘分,所以我决定试试看。

这本书从科学、文化、社会等多个方面描述了人类将自己的身体商品化的过程。最初,人们意识到自己的血液可供出售,后来又发现精子和卵子也可以出售,因为存在剩余。在世界上,器官买卖在秘密进行着。

随着科技的发展,人类之间的纷争也在迅速复杂化。癌症外科手术成功,患者捡回了一条命。然而,在患者不知情的情况下，医生和制药公司利用被切除的癌细胞开发了新药，从中获得了巨额利润。意识到这一点的患者对曾经的救命恩人提起了诉讼。患者主张癌细胞原本是自己的所有物，因此他应该有权分享由此获得的利润。这场诉讼最终以制药公司向当事患者支付某种赔偿金而告终。

这类争执就像原产国与发达国家就生物多样性展开的辩论一样。用于开发药物的特殊植物原本是从我们的国家带走的，所以要进行公平的利益分配！这种将生命商品化的做法背后，实际上反映了生命观的对立。如果把生命视为物品，它就成了一种可供交换和交易的物质。然而，尽管生命是物质，但更重要的是物质与物质之间的关系、它们的相互影响。

按照这样的理解，生命就不仅仅是一种物品，更可以称为一种现象。试图将动态的、相互关联的现象割裂或替换是不可行的。若强行这样做，将对该现象造成损害或破坏。生命观或世界观的相互冲突正在于此。书本能很好地引导我们思考一些现代性问题。

因此，费尽心思翻译 The Human Body Shop 这本书对我来说是一次极其宝贵的学习经历，也成为我后来思考"生命即动态平衡"这一问题的起点。

而且，活得久一点总会有好事发生。原著作者金布雷尔先生决定整合生殖医学和生命操控近年来的最新进展推出修订版，日文版也随之修订。也就是说，我的处女作虽已绝版,却又获得了一次焕然重生、再次问世的机会。以此为契机,出版社、设计和标题也都焕然一新。

我手边仅剩的一本老旧的《人类身体商店》(化学同人)和一本脱胎换骨的《了不起的人类零件产业》(讲谈社),如今成了亲密的邻居,并排摆在我的书架上。

书店的乐趣

最近，我开设了一家书店，名字叫作"动的书房"。我相信，值得阅读的书籍应该是那些"动的"书，所以给它取了这样一个名字。"动"不是指卖得动，而是指书中充满作者真真切切的想法、深刻的感悟以及对语言中的苦与乐的探索。这样充满活力的动态书籍当然也包括能够打动读者的书。我试着收集了一批这样的书籍。

工作和学习中需要的书籍，我们通常都知道作者和书名，现在只需在网上搜索并下单即可很快送到。但我认为，书真正有趣的地方在于不期而遇，即发现的乐趣。正因为如此，人们才会随便走进书店闲逛，想要浏览一下书架。

我想向大家介绍一下我到目前为止认为"真棒！"的三家书店。第一家是"三月书房"，位于京都的寺町二条。那里是一个历史悠久的地方，汇聚了古董店、文具店、佛具店等店铺。曾经还有一家因梶井基次郎的《柠檬》而闻名的水果店。沿街的这家书店，门面和店内都不是很宽敞，沿着狭窄的过道走一圈就结束了。店主总是独自一人坐在澡堂收费台一样的柜台后边看书。乍一看是旧书店的风格，但它确确实实是一家卖新书的书店。书籍大致按照文学、人文社会、艺术、亚文化、科学等进行了一定的分类。书架上陈列的书籍之齐全令人赞叹。

比如,在我所熟悉的科学领域,不大的空间里摆放了道金斯的《自私的基因》以及其论敌古尔德的书,还有美铃书房出的一些难懂的书,最近备受关注的新书[20]也很齐全。新书和文库本不是按照出版社分成不同的书架,而是像这样按主题挑选几本有趣的书摆放在一起,这其实是一件相当困难的事情。但对于客人来说,这样显然更为方便。当踏进三月书房时,仿佛能从书架上听到这样的声音:"想要了解这个领域,至少要看看这本和那本。噢,对了对了,最近出版的这本也很有意思。"

最重要的是,在这样的时刻,你总会有些意想不到的发现和邂逅。"诶,还有这样的书啊!"最后,你还会把那本书买下。逛书店真的很值,说的就是这个意思。光是看到科学的这个区域就让人对它的平衡感佩服不已,其他书架也不用多说了。三月书房正如其名,是通往仙境的入口[21]。

第二,是圣莫尼卡的一家书店(啊,名字我想不起来了!)。加利福尼亚海岸一带一直以来都是嬉皮士或波希米亚式的风情。我路过的时候,正值美国发生连环

---

20 "新书"是日本常见的一类丛书,和后文的"文库本"类似,都是小尺寸的简易平装书。新书多采用B40尺寸(103mm×182mm),文库本则为A6大小。
21 店名取自《爱丽丝梦游仙境》中会像人类一样说话的三月兔。

恐怖袭击事件不久后。店铺橱窗最显眼的位置摆放着乔姆斯基的书。在当时爱国心高涨到极点的情况下，将反体制旗手的书封面朝外摆着，很有气概嘛。在美国仍然存在着这样的书店，这么一想，我变得有点高兴起来。

还有一家书店是我以前在连载中写到的奄美大岛的"甘美庵"（不是荞麦面馆）。这家书店的特色在于店主把自己读了认为有趣的书就那么摆放在店里。当地的乡土资料也很丰富。同一本书的新书和旧书可以并排放在一起，这种放松的氛围也很好。

虽然无法与这些大前辈书店相提并论，但我仍然努力让"动的书房"展现出独特的匠心和氛围。请在这里尽情探索和发现。你可以找到那些让人感受到风与光的美好书籍，关于生命的隐藏款佳作，文笔优美的作家的作品（像小泉今日子和山口智子的文笔都很精彩），还有我个人最喜欢的须贺敦子和石黑一雄……精心挑选的约400本书籍将在书店一举公开，而书目内容也将会动态变化。

（"动的书房"曾于2011年5月至2012年3月在淳久堂书店池袋总店展览。）

仲夏夜的女王

暑假开始了，小女孩要去乡下奶奶家住。在山坳坡地的狭窄田地里，种着葱等各种蔬菜。女孩问道："奶奶一个人住，不会觉得寂寞吗？"老爷爷大概已经去世了。"有小猫'咪太'陪着我，而且晚上还会有很多客人来，一点也不寂寞呢。"奶奶回答说。

吃过晚饭，外面不知不觉已经变得黑漆漆的了。客人什么时候来呢？咦，玻璃窗上停着一些什么东西。她走近仔细一看，原来是只小飞蛾。翅膀是白色的，眼睛是红色的。再一看，旁边还有一只像枯树叶一样的细长天蛾。这时，一只大大的青瓷色的飞蛾啪嗒啪嗒地飞了过来，旁边还跟着一只臭大姐。"她穿着蓬蓬的礼服，应该是女王吧。她是带着侍从一起来的吧。"

窗户上聚集了许多虫子，有像小恐龙一样的大星齿蛉、天牛、蝉，还有数不清的五颜六色的小飞蛾。红色的、绿色的、白色的、黄色的、棕色的、橙色的、金色的……女孩在心里惊呼："明明是夏天，怎么像是圣诞节呢？！"奶奶不知何时走了过来："看，我们家的客人们很热闹吧？"

我发现了一本非常适合夏天的精彩绘本：《夜晚的客人》（作者：加藤幸子，插图：堀川理万子）。加藤女士是第八十八届芥川奖得主。这本书最出彩之处就在于，它是在近距离观察停在玻璃门外侧的飞蛾等虫子的腹部。这一点很特别，因为我们通常很少从这个角度仔细观察生物。无论标本还是图鉴，我们只能看到昆虫的背部，但实际上腹部才是最有趣的地方。鲜艳的条纹、奇特的漩涡形图案、新颖的斑点。被比作"夜之女王"的，是一种叫大水青蛾的大型蛾。在它的翅膀上，青蓝色的背景上散布着四道青蓝与黄相间的细纹。即使是最出色的平面设计师，也想不出如此优美的设计和鲜艳的配色。

可是，夜晚的客人为什么会被灯光吸引呢？这对生物学家来说也是一个多年未解的谜团。有一种假说认为，夜行性的昆虫原本习惯依靠月亮和星星的光飞行，但到了现代，人类制造的光线可能会使它们感到迷惑。

月光来自无限远的地方，因此几乎可被视为平行光线。虫子通过和月光保持一定的角度，便能保持飞行方向，不受风或障碍物的干扰。然而，比月亮近得多的人造光则呈放射状。和这样的光保持一定的角度飞行，结果会怎样呢？如果虫子们保持直角飞行，它们就会一直绕圈子，但如果稍微改变角度，变成锐角，就会画出螺旋的轨迹，被光源不断吸引过去。路灯周围经常能看到虫子不停地绕圈飞舞，也正是因为如此。一旦到达光线太亮的地方，夜行性的昆虫就会变得行动迟缓。所以，停在玻璃窗上的蛾子才会一动不动。

　　这本绘本是福音馆书店月刊订阅绘本《小小科学之友》系列中2011年的8月刊。激发科学之心的契机真是无处不在，而且总是始于静静的凝视。绘本中的这个小女孩将来可能会擅长画画，或许会拥有极为出众的服装品位，也可能会成为一名研究者，又或是走上完全不同的道路。但她对美丽而精妙的事物的感受一定得到了磨炼。女孩久久地盯着夜晚的玻璃窗，上面也映出了她自己的影子。

"养动物"的
意思

小泉今日子的文章写得非常有味道。在她的随笔《百兽之王》中,有这样一段话:

"它轻盈一跃跳上床,在我的肚子上摆好姿势,然后以高贵、孤傲的百兽之王的表情俯视我。我乖乖地忍受着它的目光,于是它说:'我听话的仆人啊,今晚也允许你摸我的头吧。'然后趴下身子,把头伸向我。"(摘自Crineta杂志2010年春刊。)

当然,俯视小泉的既不是狮子也不是老虎,而是一只猫。她说:"生活在比自己小得多的存在的俯视与支配下,对现在的我来说感觉正舒服。"

宠物到底是什么呢?小时候,我养过各种各样的动物。我在阳台上摆了一排柑橘盆栽,培育凤蝶的幼虫;在箱子里放入腐叶土,让独角仙产卵;还用积木围成一个小池子,在里面养了乌龟和青蛙。

现在回忆起来,这些记忆都伴随着某种痛苦。幼虫变成蛹,从半透明的蛹内浮现出翅膀的图案。有一天,蛹裂开了,一只翅膀皱巴巴的蝴蝶拼命抓住蛹壳,挣扎着要钻出来,飞向外面的世界。不久,一根根细细的翅脉都充满了力量,左右对称、美丽的、大大的翅膀展开了。然而,如果因为某种原因未能成功展翅——也许是在从蛹里出来时伤到了什么地方,也可能是在某些顺序上出了错——那么，它就只能保持着皱巴巴的状态，什么也做不了。飞不起来的蝴蝶耗尽了力气，从蛹中跌落，在地面上转来转去，不久就死去了。我什么也帮不了它。

青蛙只看活动的东西，也只吃那些在动的东西。因此，我经常得去捕捉活的蚂蚁和蜘蛛来喂它。有一天，我发现青蛙在池塘的石头上默默蹲着，无精打采。我把食物在它面前晃了晃，但它也完全没有兴趣。不一会儿，青蛙就再也没了动静。

而乌龟总是挣扎着试图爬出池子。它在围栏的角落里，用短短的腿撑起身体，尽可能地伸长脖子和手，伸向它够不到的边缘，试图逃脱。它就那么不喜欢这里吗？我明明已给它提供足够的食物了啊。

冬天来了。它把手脚缩进龟壳里，似乎终于放弃了无谓的挣扎。我为它在大盆里铺上了泥土和落叶，做了一个冬眠的床。春天来临时，天气渐暖，它却一直没有要从土里爬出来的迹象。我挖开泥土，拿起露出来的龟壳，却被过于轻的重量吓了一跳。那里面已经没有了生命。

最近，我发现了一本非常有趣的书：《你能和珍兽一起生活吗？》(饴屋法水著，文春文库PLUS)。作者曾经是一家宠物商店的老板，他在书中对那些寻求稀有宠物的人进行了严厉的告诫。他将珍兽分为"驭兽"(无聊的动物，比如蚯蚓)、"难兽"(难养的动物，比如鼹鼠)、

"弱兽"（很容易死的弱势动物，比如飞狐猴）、"猛兽"（如字面意思，凶猛之兽，比如山猫）、"臭兽"（有臭味的动物，比如豪猪）。

这本书探讨的内容也是关乎生命的罕见理论。给生物定价，将其视为自己的私人财产，实质上是将自然物当作人造物来对待。这本来是不可能的，甚至可以说是疯狂的行为。然而，从中也可以发掘出一些独特的东西。比如，养动物的意义。

养动物虽然让人感到被俯视、被支配，但我也因此有了被支持的感觉，真是一个悖论式的发现啊。

我死了会变成什么?

"太阳,会变成草／草,会变成牛／牛,会变成牛奶／牛奶,会变成我／我,什么都不会变成。"

无论是地球的另一边,是深海还是南极,人类会涉足任何地方,贪婪地吞噬所有的东西。然而,如此贪吃的人类却是唯一不参与自然食物链的存在。我阅读了一本名为《我,什么都不会变成》的书(里见喜久夫美术出版社),其中诗意的文字和奇妙的图画描绘了人类的这种生存状态。

突然间,像捕食者或外星人一样的怪物从大楼的阴影或人们头顶的行道树上袭击过来,将人类一下子吞噬。如果真的有这样的危险存在,或许人类会更加谦卑一些。

说起来,以前曾有一本书名令人极为印象深刻的书,叫作《人死后会变成垃圾》(伊藤荣树著,小学馆文库)。作者曾指挥调查洛克比事件等多起重大事件,并晋升为检察总长,然而,他最终却患上了绝症,在淡淡的笔墨中记录下了自己最后的日子。这本书呈现出这样一种冷静的观点:人生无论经历过什么样的波澜壮阔,一旦死去,就只是一本书画上了句点。书名正体现了这一点。

我认为这两本书都非常精彩。它们的文章写得很出色,内容也非常深刻,促使读者不得不去思考一些问题。

但是，如果单就书名而言，允许我提出一点意见的话，我想说，人死后并不仅仅只是简单地变成了垃圾，而且我也并非无法变成其他事物。在某种意义上，我实际上能够成为任何东西。

在上一篇提到的非常有趣的宠物书籍《你能和珍兽一起生活吗？》的后半部分，作者饴屋法水这样写道：

"如果真的要谈论生态，真的要把人类看作生态系统的一部分的话，那就只有将自己融入食物链之中了。毕竟，活着就意味着给其他生物带来麻烦，既然无法减少这种麻烦，至少也要在死后为其他生物尽一份力，也就是把自己作为食物献给其他生物。"

作者还提到，如果自己死了，他并不想被火化，只想被埋在土里，让虫子和蚯蚓吃掉。

这也是相当激进而出色的宣言。的确如此，吃与被吃这种看似弱肉强食的关系，实际上是维持自然界平衡和循环的关键。

话虽如此，即便我选择了火葬（在现代日本，法律上很难按个人意愿实行土葬或天葬），仍然可以成为自然食物链的一部分。当然，一旦被焚烧，我的身体并不能作为有机物被虫子和蚯蚓直接利用，但是构成我的元素却不会消失。

蛋白质、碳水化合物和脂肪在高温下燃烧后大部分会变成二氧化碳和水蒸气，从火葬场的烟囱排放到大气中。这些物质将成为植物生长的养料。蛋白质中的氮也将被氧化，散布到大气和大地中，被微生物有效利用。剩下的骨灰是钙和矿物质，无论是入土为安还是撒掉骨灰，它们都会在漫长的时间之后，最终回到自然的循环中。

而且实际上，这样的循环在我活着的时候就一直在发生。呼出的气体和排泄物散落在大自然中，通过其他生物的生命活动不断地传递下去。也就是说，我可以在微观层面上成为万物的一部分。

"若爱宕山野之露永不消，鸟部山之烟恒不散"[22]。如果活着意味着以牺牲其他生命为代价，那么死亡就是最伟大的利他行为。

22　此处引用了日本古典文学三大随笔之一《徒然草》第七段中的句子，该段内容如下："若爱宕山野之露永不消，鸟部山之烟恒不散，人生在世，得能长存久住，则生有何欢？正因变幻无常、命运难测，方显人生百味无穷。"

无知之知

我有机会翻阅了中学生使用的日本语教科书。拿起书本，上一次像这样认真翻阅每一页，还是几十年前吧。

与我初中时使用的教科书相比，现在的教材已经焕然一新，完全改头换面了。首先是尺寸大了许多，和《周刊文春》差不多大。漂亮的书脊，手感沉甸甸的。封面上是东山魁夷的美丽风景画，书页上布满了丰富多彩的彩色照片和插图。

开篇是加藤周一的《语言的乐趣》。"现在只要使用手机，无论身在何处都能与朋友交谈。但是，却没有办法向圣德太子咨询自己的安生之计。"

圣德太子？！

接着，加藤老师严肃地写道："要想自由自在地向古今中外的伟人征求意见，只能通过阅读书籍来实现。"

原来如此，不愧是教科书。无论在视觉效果上如何改进，依然保持着严谨的格调。

再次翻看目录，也会发现其中充满了趣味。日本语教科书的经典作品都在列，如高村光太郎的《柠檬哀歌》（就是那首"你一直在等待柠檬的到来"）、太宰治的《奔跑吧，梅洛斯》、夏目漱石的《少爷》。同时也有新的作者，如重松清、星野道夫、龙村仁。

"语言与工作"这一章是田崎真也的文章《将感觉诉诸语言》。他描述了一款波尔多产的葡萄酒:"紫罗兰花和甜苦的香料香气,淡淡的泥土香,融合着木樽的烘烤气味和香草香气。口感丰富,醇厚圆润的果实味道使均衡的感觉逐渐扩散开来……"这样的描述引人入胜,让人立刻想把酒杯送到唇边,品尝一口。这是中学生的教科书,这样的描写真的可以吗?不过既然是经过文部省审定的,应该没问题吧。

内田树提出了一个问题:"学力"是什么?学力不是考试分数,而是学习的能力。那么,学习的能力又是什么呢?简言之,就是基于对自己无知的深刻自觉,于是说出"我想学习。老师,请您教教我"这样的话的真诚而坦率的心情。说得真好啊。我也好希望在中学时代得到内田老师这样的鼓励。

其实,说来惭愧,这本教科书里也收录了我的文章。也正因如此,我才有了拿到这本书的机会。书中收录了我《生物与非生物之间》一书的一节。

解说中写道:作者写下了关于"青凤蝶"和"蜥蜴的蛋"的经历,但并不仅仅是简单地对"想起来的事"和"发生过的事"原原本本加以叙述。

确实如此。虽然当时未能注意到,也没能用语言清晰地表达出来,但那些重要的东西都在心里留下了痕迹,直到今天。我在文章中正是在重新审视它们的意义。

这样想来,我才意识到,教科书本身就是这样一个存在。

封底上用小字写着:"这本教科书包含着对肩负日本未来的大家的期望,由国民的税金无偿提供。请好好使用。"

上初中的时候,我对教科书上的文章几乎没有产生过兴趣,也从未关注过作者,更没有想过教科书是免费的,里面包含着对未来的期望。

对于现在的中学生,我们的文章有多少能传达给他们呢?或许期待值不会太高。但我仍然祈愿,哪怕只有一句话也好,能像随风飘落的一片花瓣一样,在某个人的心中留下痕迹。

人总是要到很久以后才知道自己的一无所知。

博士的
艺术

模仿带来的
发现

我和艺术家 M 先生（森村泰昌）关系很好。森村先生以模仿著名的绘画和照片，将自己融入其中成为主角的一种奇特的自画像风格而闻名于世。模仿对象不分男女老少，有叼着烟斗的梵高，有维米尔画的裹着蓝色头巾凝视观众的少女，还有玛丽莲·梦露、爱因斯坦，等等。从化妆到照明，从服装质感到小道具，所有的一切均由他亲手打造。当有多个人物登场时，所有角色都由森村先生扮演。它们看起来和原作真的一模一样，但仔细一看，眼睛却是森村先生的眼睛，让人大吃一惊。

他曾在东京大学驹场校区的 900 号教室里扮演过玛丽莲·梦露。梦露从桌子上英姿飒爽地走过，白色连衣裙的裙摆翻飞着。对于这奇特的景象，全场的学生都目瞪口呆。森村先生说，通过扮演玛丽莲·梦露，他发现了一个事实，即她的身体中也存在着男性化的部分。面对男人刺向她肉体的目光，她只能依靠单薄的衣服来抵御，甚至顶撞回去，这正是男性一般的力量。

2010 年，森村先生将他的新作品集结起来，举办了一场大型展览，名为《给某物的安魂曲》。作品主要模仿了记录 20 世纪决定性瞬间的照片，包括曾登上《生活》杂志封面的玛格南摄影作品,还有暗杀事件的头条新闻。其中,有一张三岛由纪夫演讲时的照片。东大驹场900号教室也曾是三岛由纪夫举行公开讨论会的地方。三岛的自杀事件发生在翌年,即1970年。森村先生说,三岛由纪夫身上也存在一种女性化的部分,最终,那起事件以颠覆性的方式发生了。

森村先生为展览召开了一场记者发布会,于是我也前往了现场。他从口袋里拿出了我的书《不完美的男人们》(光文社新书),并说道:"根据这本书的观点,女性是生物的基本形态,男性则是从其中派生出来的残次品,最终注定走向灭亡。这次展出的作品可称为对20世纪的男人犯下的种种罪行进行忏悔的安魂曲。"随后,举行了森村先生拍摄的特别影像的试映会。画面中出现了传说中的"玛丽莲·梦露"的影像,接着又转场为一个老兵推着装满行李的自行车沿海岸线行进的身影。他之后将去向何处,要做什么?敬请期待,我就不在此剧透了。

森村先生的模仿究竟在追求什么呢?恐怕其意义并不在于完美模仿的结果,而在于模仿的过程当中。在这个过程中,他发现了玛丽莲·梦露身上的男性特质,还有三岛身上的女性特质。在20世纪,奉行男子气概的美国杀死了梦露,而奉行女性气质的日本杀死了三岛。这就是森村先生的发现。

不久前,我偶然在一本杂志的读书专题中看到了有关森村先生书房的报道。他的书房布置得雅致而舒适，仿佛时间在这里被完美地封存了起来。扫视着书架上的书，我产生了一种怀念的感觉。书架一角摆着一本老旧的《怪医杜立德》。杜立德医生是一个与世俗脱节的人物，他通过与动物对话重新发掘了世界的丰富性，并进行了一系列新奇冒险之旅。他甚至登上过月球，还穿越时空，回到了诺亚的时代。在少年时期，我就对杜立德医生的故事十分着迷。我感觉自己似乎多少看到了森村先生创作的一小部分根源。

婚姻是否
需要混乱

对于男人来说，女人说出最可怕的一句话是什么呢？根据我曾有幸与之对谈过的作家桐野夏生先生的说法，那就是"我有话跟你说"。突然间来了这么一句，确实令人胆战心惊，就连福冈博士我也会因此而感到胆战。到……到底是……有……有什么话呢？

这次的演出也是从这样一句话开始的。而说出这句台词的是小泉今日子女士。这是由西斯公司策划和制作的《在家在动物园》。我受到了制作人北村明子的邀请前去观看。这部以纽约为背景的两幕剧，原作由爱德华·阿尔比创作。第二幕《动物园故事》原本是一部独立作品，五十年前便已问世。

堤真一先生饰演的彼得是一家出版社的高管，居住在曼哈顿的高级住宅区上东区，年收入20万美元。一个星期天的下午，他去了中央公园，坐在他喜欢的长椅上阅读。这时，一名穿着破烂的青年杰瑞（大森南朋饰）出现了，两人开始交谈。杰瑞说他去了动物园，喋喋不休，一口气说个没完。如果是在平时，彼得根本不会理会这种碰巧路过、身份不明男子的胡言乱语，但这一次他却忍不住倾听起来。

在我研究深造的时候（或者说奴隶时代），我曾住在彼得的家附近。不过，年收入不到彼得的十分之一，不如说更接近杰瑞的情况。所以，对话中出现的地名很是令我怀念。我也曾去过中央公园的动物园。

动物园这个隐喻大概是关键所在。原本，处于吃与被吃关系的动物被关在笼子里，各自隔离开来，以确保安全。人与动物也被分隔开来，同样是为了安全。事实上，人与人之间也被看不见的围栏所隔开，特别是在纽约这样的城市。这也是为了安全吗？

几十年后，阿尔比（已经82岁了！）为这个《动物园故事》写了一个前传。这就是第一幕《在家在动物园》。故事发生在彼得家的沙发上，小泉饰演彼得的妻子安。背景是浅棕色的时尚墙面，上方开着一扇圆形窗户，看起来像是后现代主义建筑中著名的AT&T大厦。光是这样，就已经非常有纽约的味道了。

这是一个无忧无虑的幸福家庭。小泉的角色时而依偎在彼得身上，时而张开双臂从背后搂住他，时而抬高笔直的腿，仿佛一只身姿柔软的猫。她的台词也非常大胆，充满情色意味。但彼得却完全不理解，安对这种过于安全、过于平稳的"稳定飞行"状态感到不满。安急促地喊道："我们需要一些突如其来的混乱！"

正因为有了这段前传，我才理解了彼得为什么想在公园里听杰瑞说话。原本生活在完全不同世界的彼得和杰瑞之间的铁栅栏逐渐升起来。安全感消失，突然之间，迎来了一个意外的可怕结局。北村女士说，这虽然是一部荒诞剧，但又远不止于此。

不过，美国的女性为什么会对现状感到如此不安，厌倦日常呢？也许这就是她们追求变化的原动力吧。安指责彼得活得过于像"植物"，在一个被称为"欲望都市"的国度中发生这样的事并不足为奇。追求混乱或许会为恋爱带来短暂的闪光，但这种闪光终有一天会消逝，这是宇宙的大规律。

另一方面，我认为安全的稳定飞行是一种动态平衡，并没有那么糟糕，没有必要故意用"有话要说"来制造混乱和刺激。小泉女士，这样不行吗？

变革的世纪

在写作时,您会一边播放背景音乐一边写吗?不会。因为无论是什么样的音乐,我都会不由自主地听进耳朵里去,因此写作时,我会选择一个安静的地方,只专注于写作这一件事。那么,写作结束后您会听什么音乐呢?嗯,最近我有一个意外的发现。你听说过迪特里希·布克斯特胡德吗?是的,最近我意外地发现了他。他是17世纪的德国作曲家。在日本,那还是江户时代刚开始不久。他比巴赫还要早一代。你也许会想,这样的音乐该有多么古板啊。我也同意,如果事先知道了时代和人名,我可能也不会主动去听的吧。

不久前,我参观了现代舞蹈家敕使川原三郎的排练。在简陋而宽敞的大厅里,舞者互相检查着彼此的动作。"好,那我们试试吧。音乐!"敕使川原先生下达了指令。

轻柔的旋律开始,很快就如阳光照彻、薰风拂过一样扩散开来。然后,整个大厅都被乐声所充满。这实在是一首清爽而舒展的曲子,让人仿佛置身于蒙古大草原,蓝天高远,白云飘荡。话虽如此,我并没去过蒙古。总之,这首曲子带有一种东方特有的温暖氛围。音乐转眼就结束了,舞蹈排练也进入了休息时间。

我立刻询问了工作人员，这到底是什么曲子？然后他们告诉了我布克斯特胡德的名字。我立刻买了一张CD。那首曲子是G大调奏鸣曲（271号）中的一段，由法国一个较新的室内合奏团拉·雷弗斯演奏。

从那以后，这张CD就成了我经常聆听的最爱。无论是在疲惫时，还是在遇到烦心事时，抑或是终于完成一篇艰难的稿子后，我都会一遍又一遍地听这首曲子。心仿佛被风吹拂，飘然向上，一直升上高空。然后我会发现，一直沉积在心底的困扰、像刺一样扎在心里的某些东西，在不知不觉中已经悄然融化，完全消失不见了。

回想起来，17世纪是人类世界观不断变革的时期。伽利略将望远镜对准了天空，发现移动的不是星星和太阳，而是我们自己。列文虎克用显微镜观察水滴，发现其中存在着一个由微生物组成的小宇宙。维米尔想出了一种方法，可以在瞬息万变的光线和永不停歇的时间中定格一瞬间。笛卡尔提出"我思故我在"，强调了理性的优越性，而帕斯卡则认为人只是一根会思考的芦苇。所有这些都是17世纪变革的产物。

音乐也不可能独善其身，置身于这样的变革之外。我认为，在那个时代，音乐应该也经历了各种各样超乎想象的实验，东与西、南与北相互交会，在它们相遇的界面上孕育了新的艺术形式。CD的封面上画着布克斯特胡德的肖像，他一边弹奏弦乐器，一边嬉笑着唱歌。他一定倾听着来自世界各地的音乐，从而拓展了自己的想象空间。在那里，有着无尽的自由和丰富。

对了，我在写作时还有一项禁忌，那就是不喝酒。要写就别喝，喝了就别写。如今九月已经过半，天气也稍稍转凉。这种时候，品上一杯啤酒可是相当惬意的。好了，终于写完了，可以喝酒啦。

"怀念的"和"忧伤的"

很久没有联系的高中朋友突然给我寄来了一张明信片。上面是外国的风景。他拙劣的字迹一点都没变。我突然想起了那时的情景：教室的窗外是广阔的天空，我一边听着下午无聊的世界史课，一边盯着在风中摇曳的树……这就是山崎将义在《我和不良少年在校园里》这首歌中所唱的情景。

前几天，我去参加了山崎的音乐会。大厅座无虚席，女性占绝大多数。山崎的粉丝大概都以与他同龄的三十多岁的沉稳女性为主。但现场气氛很好，时不时有人为他呐喊喝彩。当吉他开始连续切弦，演奏起节奏明快的曲子时，大家都从座位上站了起来。在演唱完几首活泼的歌曲之后，他缓缓坐到了凳子上，换了把吉他。"如果可以的话，大家也请坐下来吧。"会场中响起了一片笑声。那是一种非常亲密的氛围，曲目也变成了慢板的抒情歌。

吉他的弹奏声伴随着上课的铃声响起。铛铛铛铛……"那时我们也知道自己终究会长大／一天天过了却未能描绘出清晰的未来。"真是令人忧伤啊。没错，山崎先生和着伴奏的歌声中，总是带着一种忧伤。

"忧伤的"到底是什么呢？以前，我在这个专栏里探讨过"怀念的"话题（收录于文春文库《琉璃星天牛之青》）。比如说，我们这一代人对于世博会毫无疑问是怀念的，不过也可以这么理解，其实并不是怀念那个时代或某种东西，而是怀念那个被美国馆的月球石和太阳之塔内部的生命之树迷住了的自己。我记得在那篇文章里我是这么写的。也就是说，所谓"怀念"，其实是一种自恋。

相比之下，我在山崎的歌中感受到的"忧伤"似乎有些相似，但又略有不同。忧伤也是记忆，这是肯定的。但忧伤的记忆并不在于自己参与过的特殊事件或经历，也不是对自己来说多么光辉的回忆。它里面有一种不同于自恋的东西。忧伤的记忆，反倒往往只是平淡无奇的日常生活中的一幕场景。就像山崎的歌中唱到的，教室或校园里的一堂课，天空的颜色和风的气味，水面的波纹和晚霞。但为什么它们会令人感到如此忧伤呢？

我突然意识到，以上的这些都是不断变化和流逝着的记忆。最重要的是，当我们亲身经历、亲眼目睹这些变化和流逝的当下，并不会觉得这是一件多么忧伤的事。因为，第二天依然是一样平凡的日常，无聊的学校，无聊的一天又这么过去了。日复一日，我们以为这样的重复会无止境地持续下去。

但事实并非如此。所有的变化都仅有一次，一去而不再有。这种事情看似不言自明，可直到上了年纪,我们才会在某天终于明白过来。正因为如此,我才会对盲目相信一切变化都是无限重复的、碌碌无为地活着的自己的无知和天真感到悲哀。换句话说,忧伤是对有限性的觉察。我听着山崎的歌,不禁想到了这些。

山崎先生看起来是那种毫不造作、随处可见的好青年,但实际上,他是一个哪儿都找不出第二个的天才。他在忧伤记忆中截取一小个片段,配上美妙的旋律,为它们赋予了普遍性。顺带一提,这个曲名显然是在模仿保罗·西蒙的《我和胡里奥在校园里》吧,当然,音乐和内容都完全不同。

话说回来,记忆真是一种不可思议的现象。它支撑着我们的自我同一性,同时又在变化中伴随我们长大成人。记忆,是我的一大研究课题。

人与动物，
何处不同？

那是我去布朗利河岸博物馆时的事。当时，位于巴黎埃菲尔铁塔附近，塞纳河畔的这座美术馆正在举办一场有趣的展览。

关于人类和动物的世界观，可以分为以下四类：

1. 身体相同，但灵魂不同（自然主义）；
2. 身体不同，但灵魂相同（泛灵论）；
3. 身体和灵魂实际上都是相同的（图腾主义）；
4. 身体和灵魂的构成都不相同（类比主义）。

如果觉得"灵魂"这个词不合适的话，也可以换成心灵或精神。现代科学认为，人类和其他生物在细胞和基因层面的机制都是一样的，但只有人类的大脑特别发达。大脑产生的精神作用将人类与其他生物区分开来。这也就是上述分类中的第1种。

然而，从某种意义上讲，这是一种西欧的，特别是笛卡尔之后的思维方式。环顾其他民族和文化，这未必一定是正确的。还有更多不同的世界观。这次展览就是通过世界各地的原始美术和民族学资料来探讨这一点的。

艺术之秋，在东京，我有机会再次欣赏到久违的S. G. 姆帕塔的画作，这让我重新思考起了世界观的问题。姆帕塔是一位非洲画家，最初在内罗毕市区的街头以将画作作为土特产售出为生。他的画布是建筑工程用的方形板，颜料则是油漆。他的作品看起来朴素而稚拙，却充满奇异的光芒和力量。就像凯斯·哈林在纽约地铁车厢上创作的画作一样，充满了现代的跃动感，同时也蕴含着非洲遥远而古老的时光。

有一位日本人在当地偶然看到了姆帕塔的画作，被深深震撼，于是产生了一个有趣的想法。他调查到了凯斯等画家在创作时所使用的绘画材料和颜料：麻质帆布和丙烯酸漆，于是在银座的伊东屋购买了这些材料，再次前往内罗毕，并亲手交给了姆帕塔。

丙烯酸漆是一种在现代艺术界被广泛使用的水性丙烯颜料，它既可以像水彩画一样轻薄地延展，也可以像油画一样厚涂或重叠涂抹。木头、布料甚至水泥，不论什么都能成为绘画的载体。它干得很快，同时具有很高的耐久性。

得到这种新方法后，姆帕塔灵活自如地创作出一幅又一幅新作品。欢快行走的粉色犀牛、有鸟相伴的大象、乌龟和蛇构成的奇异徽章……以往单色的背景现在被涂上了鲜艳多彩的渐变色。

1984年秋天，姆帕塔画展在纽约举办，吸引了众多知名人士到场。凯斯·哈林本人来了，劳瑞·安德森来了，连安迪·沃霍尔也来了。来自全美的画作订单蜂拥而至。然而，就在此时，姆帕塔在内罗毕失去了音讯。不久后，他的死讯被证实。就这样，世间唯独留下了这位罕有的天才画家的作品。

现在观赏姆帕塔的画，会注意到一个很明显的特点。水牛、大象和犀牛们都露出温和的表情，它们或是在微笑，或是在害羞。它们的眼睛画得非常清晰，有着双眼皮和漂亮的睫毛，温柔地注视着我们。换言之，这些动物完全有着一张人类的面孔。而且它们总是以一种头朝左、屁股朝右的姿态站立着，这是一种与姆帕塔平等相对的姿态。

换句话说，这里展现的是一种生命体之间身体虽然不同但灵魂相同，甚至可以说是身体和灵魂实际上都相同的世界观。杀死鲸鱼和海豚是野蛮的行径，但是，难道宰杀牛和猪就可以了吗？这种世界观截然不同。

当我透过显微镜观察时，突然想到，实际上我们都是一样的。所有的生命都是平等的。

展示时间

铺设着榻榻米的昏暗房间里,摆放着几个陶瓷器皿。整个空间中充满了寂静。一瞬间,远处突然传来了像铃铛一样透明的声音,丁零。空气也瞬时变得清凉了。我侧耳倾听,等待着那个声音。然而,它却再也没有响起。

我无意中瞟了一眼房间的角落,那里摆着一个与我想象完全不同的东西:一个装在透明亚克力盒子里的白色座钟,然而它早已变得残破不堪。这是因为它是由萘[23]制成的。萘放置久了就会发生升华,即固态的物质不经过液态而直接转变为气体的过程。因此,随着记录流逝的时间,这个萘制的钟也会逐渐消失。

然而,过去用来形成时钟的萘分子并没有消失。看不见的气体萘漂浮在盒子中,一旦接触到亚克力表面,就会重新结晶成固体,就像挂在窗户上的雪花结晶一样,慢慢形成美丽的针状图案。

换句话说,萘是在不断地运动着。曾经形成某种形状的分子在下一刻会分散开来,参与另一种形状的形成。我走近它,凝视着正在生长的结晶。

就在那时,声音再次响起。丁零。

23　一种有机化合物,无色结晶,易挥发并有特殊气味。常用于制造染料、树脂、医药品等。通常用的卫生球就是用萘制成的。

我前往东京一家画廊参观了宫永爱子的个展。在那里，我被一种充满喜悦的惊讶所包围。这位年轻的艺术家正尝试以完全不同的形式来表达我一直在思考的事情。我感受到了这一点。

那个声音实际上是陶土与覆盖在其表面的釉料在烧制后，由于收缩的差异而产生裂痕时发出的。陶器也是如此，表面看似永恒不变的固体，但内部却存在着持续不断的运动。能量的不平衡会突然出现，然后寻求下一个平衡点。然而，自然界的平衡实际上是一种处在持续斗争中的非平衡状态，因此，它总是在不断追求平衡的过程中。在器皿底部积存的透明蓝色釉料中，会出现无数条裂纹。

对于那个不知何时会出现的声音，访客只能静静等待，就像等待夜空中流星的降临一样。流星也会穿越宇宙空间，长时间漂泊，在掠过大气层后，一瞬间燃烧殆尽。然而，散落四处的分子和原子并没有消失，它们会参与到下一个事物的形成中。

换句话说，她将这个间歇性产生的声音视为艺术作品，或者通过展示形状的消长变化来展示时间的流逝。她还试图展现随时间波动的这个世界中不断变化和相互联系的特性。这就是动态平衡的本质。

这场个展的亮点是大型装置作品《风景的开始——丹桂》，它被安置在另一个挑高的空间中。叶子被浸泡在碱性的氢氧化钠中，导致蛋白质部分被溶解,只留下细细的叶脉。然后,将叶片一张一张仔细擦拭干净,干燥后,使其变成透明的金黄色网格状,并精心地贴在一起。六万片叶片连成一张轻薄而宽大的帘子,它看起来既像结晶,又像裂纹,也像是从高空俯瞰被雨水冲刷过的城市街道的地图。

可以确定的是,这些纤细的叶脉,每一根都曾是输送水分、营养和生命的通道,即使在经过重新构造后,它们仍然是能让我们的想象力自由穿梭的通道。在这里,唤起的是时间、流动和联系的感觉。

她将工作中产生的声音随意地录制下来,参观者可以听到这些录音。录音的日期跨越了那场大地震的那一天。同样的行动一直在默默进行,而声音只是告诉我们这些。

我登山的理由

我有一个秘密目标,就是要在一生中登上日本的一百座名山,另一个目标则是要看遍维米尔的所有画作。"百名山""八十八处参拜""全点巡礼",这些说法在国外几乎闻所未闻。将一个明确的数字设为目标并努力达成,这是日本人独有的癖好吗?曾经对昆虫收集、硬币收藏、集邮等"收集物品"的活动着迷的我,不管到了多少岁,到头来还是在继续着相同的事情。

"日本百名山"是作家深田久弥根据自身攀登众多山峰的丰富经验,精选的100座兼具品格、历史和独特个性,能够代表日本的山峰。该书出版于1964年,其中自然包括富士山、北岳、剑岳等高峰,但也包括了筑波山这样,即使是小学生在郊游时也能轻松登顶的低山。

我本是一个运动白痴,但后来却开始尝试登山,多少应该还是受到了阅读的影响吧。儒勒·凡尔纳的《地心游记》和柯南·道尔的《失落的世界》等冒险类故事,让我对探险心驰神往。另一个吸引我的点是一些书籍封面内页附有地图,比如《我爸爸的小飞龙》中的橘子岛和动物岛。在月光的照耀下,主人公埃尔默越过连接两座岛屿的岩石的场面显得特别梦幻。此外,《十五少年漂流记》中少年们漂流到的无人岛的地图也深深吸引了我。

在儿童文学之后，我开始接触新田次郎的登山小说。每个故事都会配有一张名为山的"概念图"的地图。尽管它只是表示山脉的走向和峰顶位置，但我被"概念"这个词迷住了。

夏天是登山的好季节。在一百座名山之中，我首先对北阿尔卑斯山的枪岳发起了鲁莽的挑战。它海拔3180米，是日本第五高峰。这个高度自不必说，这一趟旅程也让我意识到登山之路的漫长。从出发到登山口的路途本身就十分遥远。进入上高地后，沿着梓川需要步行大约三个小时才能到达德泽园，然后再经过漫长的步行，花费三个小时到达横尾。这一路都是平坦的道路，还未真正开始攀登，因此还完全看不到枪岳的身影。在新田次郎的小说中，这段漫长的旅程仿佛一瞬间就完成了。在那之后，终于能够从树林间远远望见枪岳尖尖的山顶，但目标离我依旧还很遥远。

慢慢走上山路，总算开始有了登山的氛围。接下来又是一段长路，而且是曲折的弯道和崎岖的斜坡，我很快就开始上气不接下气。枪岳在百名山中也是备受瞩目的一座热门山峰，所以这个季节登山者络绎不绝，就跟走在繁华热闹的银座没什么两样！我体力不支，在前往山顶的路上被那些精神抖擞、滔滔不绝的大妈军团一个接一个地超越。

枪岳呈优美三角锥形的顶峰终于近在眼前，让人不禁万分期待，但却始终难以靠近。或许是空气稀薄的缘故，我时常不由自主地想要停下来。尽管如此，我还是稳住心情，坚持一步一个脚印地往上爬，不断积累高度。终于，我抵达了离山顶不远的小屋。在那里卸下行囊，稍事休息。待身体稍感轻快后，再次踏上征程，向着山顶发起挑战。道路上岩石遍布，我需要依靠铁梯和铁链前行。我的腿开始发软。终于，我登上了山顶。360度眺望，深呼吸。

最终，我在三十多岁结束前登上了百名山中较为容易的20座，之后就被困于人生大大小小的事务中，再也没能继续攀登。是否会有再次开始的一天呢？

人为什么要登山呢？是因为山在那里吗？我认为不是。人之所以登山，是因为他们明白，真正的意义不在于终点，而在于踏上抵达终点之前那漫长的旅程。

看遍维米尔

尽管早早放弃了征服日本百座名山的目标，但我仍然怀有另一个人生目标，那就是亲眼看遍画家约翰内斯·维米尔的所有作品。在这一目标上，我已经离终点很近了。

维米尔的现存作品共有37幅。其中一些作品至今仍然存在争议，研究者无法确定其是否为维米尔的真迹。但我仍相信它们是维米尔的杰作，并且已经观看过目前可见的所有作品。然而，仍然有三幅画作，无论我如何祈祷都无法得见。

其中两幅是私人收藏品或近乎私人收藏的作品。一幅是芭芭拉·皮埃塞克卡财团所有的《圣普拉塞迪斯》。另一幅是近年来被认定为维米尔真迹的《坐在维金纳琴旁的年轻女子》。这幅画曾在苏富比拍卖会上被拍卖，并被一位拉斯维加斯的富豪购得。

不过，据说这幅画后来又被转售给了其他人。有人能告诉我这幅画的下落吗？

而真正无法亲见的作品，是曾在波士顿伊莎贝拉·斯图尔特·加德纳美术馆展出的名为《合奏》的小型画。这幅画于1990年3月18日被盗（我当时正好在波士顿留学）。由于该美术馆预算不足，未能安装先进的安保系统，警卫被伪装成警察的盗贼所袭击。盗贼直奔二楼，将墙上的维米尔画作拆下后逃离。此后，这幅画至今仍下落不明。由于是赃物，因此不可能出现在拍卖会上（如果现在有维米尔的真迹出现在拍卖会上，价值应该不低于百亿日元）。

这个为了维米尔而不择手段的维米尔终极爱好者，是否会将它偷偷地挂在卧室的墙上，每天欣赏呢？距离被盗已经过去了二十年。如果此人已经离世，那么这幅画会再次出现吗？总之，我只能祈祷这幅画平安无事（有关这一事件的详细信息，请参阅我与朽木百合子合著的《深读维米尔》，朝日新书）。

在观赏维米尔的作品时，我为自己设立了一个准则:不能等待画作来日本展览时才去观赏,而是一定要亲自前往原本的收藏馆一睹为快。这是因为在遥远的都柏林,维米尔的画看起来仿佛被爱尔兰午后温暖的阳光所照耀;而位于纽约弗里克收藏馆的维米尔作品,尽管坐落于曼哈顿繁华闹市的中心,但看起来却如同这座美术馆一样,远离喧嚣,悄然伫立在宁静之中。我认为,以这种方式观看画作时,会有一些以往未曾察觉的新发现。

当然,每一地的维米尔作品来历各不相同,展览地点的选择也与画作创作时的情境无关。然而,令人不可思议的是,维米尔的作品总能自然地展现出所在地的风土、光线与空气的氛围。

话虽如此,当维米尔的画作来到日本展出时,无论人潮如何拥挤,我仍然会想前去观看。2008年,他的多幅作品来到东京展出,我等了好几个小时才得以观赏。

2011年的春天也有一场展览。从法兰克福来的正是一幅我格外关注、充满神秘色彩的画作:《地理学家》。这幅画被认为是以安东尼·列文虎克为原型创作的。列文虎克和维米尔一样出生于1632年,同一个十月,同一个地方——荷兰的代尔夫特。他被称为"显微镜之父",载入了生物学的史册。他自己打磨镜片,发现了微观世界中同样蕴含着广阔而惊人的生命宇宙。

多田先生和列文先生

2010年4月21日,我们不幸地失去了多田富雄先生。他是日本免疫学界的代表人物。虽然很遗憾,我没有直接见过他,但作为一个生物学学习者,我一直在阅读多田先生的著作。我还是第一次得知,多田先生在年轻时写过这样的诗:

坏心眼的神

一个名叫安东尼·列文虎克的
近视眼荷兰裁缝
组合透镜 做出了显微镜
用呢绒布打磨镜片 镶入金属筒
观察鳗鱼 发现血管中的血球在流淌

(后略)

原来多田先生也喜欢列文虎克啊。

列文虎克于1632年10月出生于荷兰的小城代尔夫特,与画家维米尔同月。他们在同一座教堂接受了洗礼,前后相差四天。尽管没有任何证据表明两人相识,但也有人认为,维米尔作品《地理学家》和《天文学家》中的人物原型可能就是列文虎克本人。我也为这种说法投上一票。

17世纪,人们对世界的看法发生了巨大的转变

(这被称为"典范转移")。伽利略将望远镜朝向夜空,他确信移动的不是星星,而是自己这一方;列文虎克发明了显微镜,跟现在的显微镜一点也不像,形状像是金属鞋拔子。虽然多田先生写着"组合透镜",但那个"金属鞋拔子"中镶嵌的是玻璃球单镜片。如此原始的显微镜,却已经实现了近300倍的放大倍率。这完全足以与我现在使用的光学显微镜相媲美。列文虎克对于透镜打磨有着独门绝技。

然后,他发现积水中有微生物在闪闪发光地游来游去,认识到动植物的组织是由细小的单位即细胞构成的。最后,他甚至将自己的精液放在显微镜下观察,并发现了精子(据说一开始他还很害怕自己是不是得了什么怪病)。他向我们揭示了微观世界中也存在着广阔的宇宙。

与此同时,维米尔也在探索着自己的课题和方法。如何能够画出完美的透视呢?有人说,他使用了类似针孔相机的装置,也就是暗箱相机,将房间的景象投影到画布上,以确定画面的构图。但如果真的使用完美的透视绘图法,反而可能导致画面边缘部分在人眼中看起来扭曲。为了解决这个问题,维米尔在画作中运用了微妙的调整和各种晕染的技巧。

也就是说,维米尔和列文虎克在某种意义上共同探索着同样的问题,即光学问题。他们都在思考如何观察世界,以及如何将观察到的世界表现出来。两人之间的关系可能十分密切,经常在一起交谈,也许正是列文虎克将暗箱相机带到了维米尔的身边。

话说回来,多田先生为什么要在诗的题目里加上"坏心眼"呢?列文虎克的寿命比维米尔长一倍,一直活到了九十岁,但是他的眼睛渐渐看不见了。尽管如此,他依然希望能够努力看清。他想要看清什么呢?诗的结尾是这样写的:

尽管没有任何价值
完美的存在 不可能的真实
终究不被神允许的
那"不存在"的事物
然而 他却看到了

多田先生也是一个深深思考着存在与不存在、自我与非自我,并在科学中寻找诗与真实的人。

地理学家的
真身

2011年春，一幅维米尔的作品来到了日本，这就是德国施泰德美术馆所收藏的《地理学家》。身为维米尔的忠实粉丝，我迫不及待地前去观赏。毕竟，在维米尔的作品中，这是我目前最感兴趣的一幅。

画中，一位身穿长袍的睿智男子仿佛灵光一闪，突然抬起头来。明亮的光线从窗外洒进来，照亮了他的脸庞，他蓝色的长袍和朱红色的领口显得格外鲜艳。

这幅画中蕴含着许多耐人寻味的元素。柜子上摆放着一个地球仪。没错，在这幅画完成的17世纪后期，人们已经普遍认识到地球是圆的这个事实了。还有挂在墙上的画框，以及桌子上摊开的一幅大地图。男子右手持着一把金属制的两脚规。这种器具和圆规一样有着尖尖的两腿，用于测量和绘图。

令人难以置信的是维米尔对光线的处理。画中两脚规的合页被描绘成拇指和食指之间黑暗中的"点"。尽管只是笔尖轻轻带过的一点笔触，但看起来却真的像是一个圆润的黄铜球。就连大拇指的指甲也是，在近处看只是粗糙的涂抹，但从稍远一点的地方，就能看出被光照亮的样子。而且指甲和铜表现出的光泽质感明显不同。他究竟为什么能如此巧妙地将有机物和无机物区分开来呢？为什么能注意到光看起来像是这样的粒子呢？

有人说，这或许是因为维米尔懂得暗箱相机的操作。暗箱相机是以一个黑暗的小盒子为主体，类似于针孔照相机的装置，是现代相机的雏形。小盒子上装有透镜，人从镜片后面看，照相机前方的景象会变成二维图像被投射出来。当时，维米尔可能把黑布蒙在头上，专心致志地观察着这些图像，思考绘画的构图。他可能还研究了光线粒子的形态……

我认为，可能是安东尼·范·列文虎克教会了维米尔使用暗箱相机。并且，正如前文所述，《地理学家》的模特儿也可能是列文虎克。他和维米尔同年出生于代尔夫特，在同一地方长大，后来成了一名生物学家。没有记录显示两人曾交流过，因此我的假设缺乏证据支持，但不久前，我有机会查阅了列文虎克留下的大量显微镜观察记录。这些记录目前保存在英国皇家协会的书库中。其中包括了昆虫的爪子、毛根，植物茎干的切面，等等。列文虎克的显微镜素描就像专业画家绘制的石膏素描一样，光影交错，出色无比。

鲜明的对比和光泽令人惊叹不已。此外，他还在手稿中写道，速写是他请一位熟悉的画家来绘制的。要把小小镜头那一侧微小而立体的物体，画成二维的速写画，这可不是一件易事，需要相当的观察力和专注力,更重要的是高超的描绘技巧。在列文虎克周围,究竟有多少人像他一样对光学抱有浓厚的兴趣呢?

维米尔现存的作品只有37幅,全都是油画,没有发现任何素描。然而,一个如此细致入微、作品数量有限的画家不可能没有草图或练习稿。如果能找到维米尔的素描,就能比对与列文虎克记录中素描的相似性,那么那位"熟悉的画家"是谁可能就有答案了。也就是说,列文虎克留下的谜团仍在等待着被解开的那一天。(拙作《维米尔——光之王国》〔木乐舍〕中可以看到列文虎克手稿中所附的速写图。)

喜欢吃
"铁丝"面吗?

最近,摄影师小林廉宜先生经常与我一同工作。我们在美术馆进行关于维米尔画作的采访时,由他负责拍摄照片。观看真迹时最令人惊讶的一点是,画作的色调和明暗与我们在杂志和美术书上看到的完全不同。拍摄画作的照片就是一项这么艰巨的任务。在这方面,小林先生的技术非常出色。他能够准确地拍出光的颗粒感、色彩的变化、油画颜料的质感以及时间流逝留下的表面裂纹,所有的细节无一遗漏。真不愧是专业人士的高超技术。

不过,这次要谈的不是颜色,而是关于硬度的话题。如果你问在世界各地飞来飞去旅行工作的小林先生,最让他失望的食物是什么,他会毫不犹豫地告诉你:"在巴黎吃的意大利面。"每一次他都想着"这回总该……",满怀期待地点单,但从来没有一次不是失望到无语的。面总是煮过头了。

小林先生是博多人,对面条的硬度很挑剔。走进拉面店,一般会被问道:"客人,面要煮多硬?"我生性胆小,于是会回答:"啊,普通的就好。"但小林先生却会先来一份"有点硬",吃完后,续面时会再要一份"铁丝"。那么,"铁丝"到底是什么意思呢?

就是字面的意思,跟铁丝一样硬的面条。不仅如此，再往上还有一种叫作"落粉"的硬度。所谓"落粉",就是指把面条上沾着的面粉去掉的程度，也就是只在热水里快速过了一下的超硬面条。这……这几乎就是生的了吧。

在博多，面条的硬度据说一般分为以下几个等级：

软绵绵→有点软→普通→有点硬→硬邦邦→铁丝般硬→落粉（过水硬面）。当然，几乎没有人会点软的面。不知道博多人是性子急，还是格外喜欢硬的口感呢……

话说回来，光在这里感叹的话，就没有我的出场机会了。以前，我曾给学生出过这样的问题：在高山上煮的米饭为什么不好吃，请解释原因。

山越高，气压越低。气压下降的话，水就会以较低的温度蒸发。也就是说，在山上烧水，即使温度达不到100摄氏度水也会沸腾，沸腾后温度就不会再升高。而低温下，没法把米饭煮得好吃。（顺便说一句，气压上升的话，水的沸点会超过100摄氏度，因此高压锅内部可以实现更高的温度，硬的东西也能煮软。）

那么，为什么在低温下就煮不出好吃的米饭呢？米饭和拉面的主要成分都是淀粉。淀粉是由糖连接而成的链状聚合物。生淀粉的链条结合得十分紧密，并形成结晶，这样的话会很硬，且不易消化。对其进行加热时，会放松链条间的连接，将水分子填入其中，使链条分离。把米饭煮得蓬松，把拉面煮得绵软就是这个过程。这需要达到将近100摄氏度时所产生的热能。当然，加热时间越长，淀粉就会变得越软烂，接近糊状。因此，要想烹调得美味，分寸控制得当很重要。综上所述，如果不了解淀粉的分子结构，就无法回答这个问题。

说起来，我曾经从住在巴黎的朋友那里听过这样的故事。那是他在上语言学校时的事，学的自然是法语。那是一句餐厅对话的例句：

这意大利面煮得不够（Ces pâtes ne sont pas assez cuites）。

这……法国人对自己国家的料理那么自豪，对周边国家料理的追求会不会马虎了点?

我们的分歧点

文明与文化,虽然在日语中这两个词很相似,都在广义上被使用,但有时候,这两个概念似乎也会有相互排斥、互不相容的地方。

文明是我们在外部创造出的结构,旨在使我们的生活更加方便、丰富和舒适。它应当不断更新,提升效率,创造就业机会,产生财富。然而,有时它也变得背道而驰,对我们构成威胁和伤害,成为挡在我们面前的障碍。

而文化则是我们在内部培育出的结构。它与我们的历史一同前行,守护着我们的生命,支撑着我们的生活。文化根植于地域,寄寓于风土,作为传承之物具有深远的意义。然而,有时候文化却会让位于文明,甚至被切断,就像烛光被吹灭一样消失无踪。

要说为何会重新思考这个问题,也许是因为我上了年纪,也可能是因为这些年我去了许多不同的城市旅行。这是一场寻访像宝石一样散落在世界各地的维米尔作品的旅程,原则很简单:不是在画作来日本时去看,而是亲自前往收藏的美术馆,在那座城市的风和光中欣赏它。因为我觉得这样似乎更能理解那幅画曾经历过的地方、度过的时间,以及它想要传达出的信息。到目前为止,我已经有幸在现场看到了现存37幅维米尔作品中的34幅。

在这段旅程中，我对维米尔所生活的17世纪有了深刻的感受。在日本，江户时代才刚刚拉开帷幕。维米尔于1632年出生于荷兰。同一年，在同一个国度，显微镜研究者列文虎克出生了。笛卡尔、帕斯卡也都是同一时代的人。在某种意义上，他们怀抱着相同的梦想。或者也可以这么说，当时的科学、艺术和哲学还尚未有明确的界限，它们都追求着同一个目标：如何捕捉和理解这个不断变化的世界？

在还未出现照相机的年代，维米尔试图定格某一瞬间的时间，并将其表现在画布上。他的作品既像照片一样准确，又描绘出了照片所无法呈现的珍珠上的微小闪光，因为我们的眼睛能够捕捉到这样的瞬间。

列文虎克发现微观世界中有着令人惊叹的小宇宙，并一心观察着水中旋转、游动的微生物。

帕斯卡认为我们只不过是风中摇曳的芦苇，笛卡尔则持不同看法。他认为，心灵和身体是可以分离的，可以将身体类比为机器来理解。

所有的分歧点都出现在这个时期。后来，不知为何，我们选择了笛卡尔而非帕斯卡，选择了列文虎克而非维米尔。更确切地说，我们进一步发展了笛卡尔的思维模式，并加速了列文虎克的方法。因为我们相信，这样做会使我们变得更加富有，我们认为这是文明应该走的道路。

这一切的终点，就是我们的现在。这就是我们一路走来达成的结果。如果我们能够从中学到一些东西，获得修复受损事物的机会，那么这个机会只会存在于那些有时被我们遗忘，但仍在漫长岁月里默默坚守的"文化"当中。正是这种想法引领我再次回到了维米尔时代。

博士的
自然主义
宣言

最成功的生物

如果有智慧的外星人发现了地球，他们会干什么呢？他们可能首先会开始仔细观察这个星球上存在怎样的生命形式，以及其中哪一种生物是最成功的。

对于生命而言，进化过程中的成功意味着以最高效的方式进行繁殖，留下更多的后代。

通过精密的调查，外星人得出了结论：这个地球上最繁盛的生物是XX。

大家是否认为这里的答案是"人类"呢？我们人类或许自认为是地球上最成功和繁盛的生物。但客观地看，情况并非如此。

外星人悄悄走遍了地球，使用特殊装置测量了地球上所有生物的总量。那些头颅庞大、用两条腿行走、身披五颜六色的奇怪布料、建造奇异巢穴、到处奔波的家伙，在地球上大约有69亿只。平均体重约为50公斤，因此它们的总质量约为3.45亿吨。

但是，还有一种生物规模更大、更为繁盛，不是吗？它们的数量远远超过了双腿行走的生物，而且每一年都能保持这样的繁荣。不仅如此，它们还奴役着双腿行走的生物，让它们为自己打理一切事务：开垦土地、大规模种植、收割；到了下一年，再次播种、继续培育。作为奖励，它们会留下一部分作为"奴隶"的食物。

生物的终极目的是自我复制，如果生物在追求这一目标时表现出极端的利己行为，那么没有比这个生物更成功的生命体了。

玉米、小麦、大米的年产量分别约为8亿吨、6.8亿吨、4.5亿吨。而且确切地说，这仅仅是收获的谷物部分的质量。

在外星人看来，这些广布在辽阔土地上的植物才是地球上最为繁盛的生命体吧。

然而，为了维持如此多的植物生长，需要大量的淡水。双腿行走的生物总是为了争夺这种淡水而打斗不休。同时，还需要大量的肥料。虽然植物能够通过光合作用，利用空气中的二氧化碳和太阳能制造碳水化合物，但生命体还需要另一种重要的成分，也就是蛋白质。

蛋白质的形成需要氮。虽然空气中含有大量的氮（氮气约占80%），但哪怕是植物也无法直接从氮气中合成蛋白质。因此，必须提供大量的氮源作为肥料。氮肥是通过工业化的化学反应制造的，这同样需要双腿生物的劳动，为此也需要消耗大量的电力和燃料。

另一方面，这样制造出的谷物作为双腿行走生物的饲料也是不够的。因为它们几乎都是碳水化合物，作为热量来源是不错的，但蛋白质含量很少，而且也不均衡。例如，玉米中就不含有动物所需的赖氨酸和色氨酸这两种氨基酸。虽然玉米的植物体本身能依靠均衡的氨基酸来合成蛋白质，但它们并不能被传递到储存营养的地方。

因此，对于双腿行走的生物来说，有效地种植单一谷物以摄取碳水化合物，实现热量上的自给自足是很方便的，但在摄取优质蛋白质方面却存在着问题。饥荒地区的营养不良正是由缺乏必需氨基酸导致的。

外星人会注意到这个星球上充满各种矛盾与不合理之处的吧。为了弥补某种不平衡，又进一步加剧了其他的不平衡。这种行为终有一天会招致不幸。外星人最后一定是选择了放弃与我们的接触，悄然离开了。

不是环境，
而是环世界

自2011年4月1日起，上野动物园开始展示一对熊猫力力和真真，这在社会上引起了巨大轰动。它们于二月份抵达日本，并为三月底的公开亮相进行着各种准备工作。

3月11日，当大地震发生时，园方立即确认了动物和动物园设施的安全情况。从猛兽开始，动物都被迅速收容至建筑物内。由于基本上所有动物都能被继续展示，因此在第二天，也就是3月12日星期六，上野动物园也一如既往地正常开放了。

大地震的第二天，大概没有人会特意一大早去动物园。然而，意外的是，却有许多人前来参观。看来可能是因为无法返回家中，滞留在上野周边的人们推开了动物园的门，纷纷走了进来。那个阳光灿烂的星期六，他们观赏动物时是怀着怎样的心情呢？上野动物园的官网记录着："园内弥漫着一种与往常星期六不同的氛围。"考虑到地震的影响，动物园于3月17日开始暂时关闭，熊猫的公开亮相也因此推迟，直到四月才重新开放。

熊猫有熊猫的可爱，但我更喜欢的还是位于人少的西园，不忍池畔的两栖爬行动物馆。从幽静的池之端门而非面向上野公园的宽敞正门进来，马上就能看到它。这里生活着各种各样的两栖动物，如青蛙、水蜥、娃娃鱼，还有蛇、蜥蜴、乌龟等爬行动物。

我小时候是个昆虫迷，对生物非常着迷，对两栖动物和爬行动物的喜爱则是在这个基础上延伸的。与猫狗等生活中常见的动物不同，青蛙和蜥蜴之类的动物几乎不会与人亲近。完全摸不透它们的内心世界。而且，与敏捷的形象完全相反，它们出乎意料地不爱动。在两栖爬行动物馆里，这样的场景随处可见：它们静静地靠在玻璃柜的一角，一动不动。那冷漠而空洞的眼睛仿佛注视着某物，又似乎什么都没有在看。我想，自己或许是被它们那种无动于衷，或者说孤傲的姿态吸引了吧。

当然，它们并不是故意要显得无动于衷或孤傲。对于它们来说，世界就是如此。

有一次，我缓慢地向一只玻璃箱中的蜥蜴挥手。蜥蜴看起来像是一尊没有生命的雕塑，保持着同样的姿势一动不动。然后，我伸出指尖飞快地从它眼前划过，瞬间，蜥蜴迅速地转动了尖尖的脑袋，紧紧盯着我手指的方向。

没错，它们只能觉察到移动的事物。对于它们而言，世界是由移动的事物构成的。

这看起来理所当然，但让我领悟到这点的是已故的日高敏隆先生所翻译的《生物眼中的世界》(尤克斯库尔著，岩波文库)。这本书揭示了，生物通过各自独特的感知与行为来构建自己的世界观。它们的世界不是"环境",而应该被称为"环世界[24]"。例如,昆虫能够看到人类肉眼看不到的紫外线,它们生活在一个能感受到异性和花朵之美的环世界中。在蜗牛的环世界里,每秒伸出四次的木棍看起来是静止的,因此它们会试图爬上去。对于蜗牛来说,一秒钟内只有三到四个瞬间,因此它们的环世界里时间的流逝速度快得惊人。所以,它们完全不会觉得自己慢吞吞。

我们人类生活在环境的包围中。高远的天空和蔚蓝的大海,温柔的春风和嫩绿的新芽,还有五彩缤纷的花朵。然而,这里所描述的环境,并非对所有生命都是普遍且实际存在的。这仅仅只是人类的五感所构建出来的对这个世界自作主张的解释。

---

[24] 环世界(Umwelt),又称感觉世界、环境世界等,由德国生物学家尤克斯库尔提出。他认为,所有的生物并不是直接生活在大的自然环境中(他将这种所谓的大自然环境直接等同于人类自己的环世界),而是通过由动物直接的感知信号建构起来的环世界来生存。

多样性是
为了谁

2010年，名古屋举办了生物多样性公约第10届缔约方大会（简称COP10）。由于我也是该会议的先导组织——环境部"地球生物支持团"的成员之一，因此获得前往名古屋的机会，并参加了各种活动，还在电视上露了脸。

首先，生物多样性究竟指的是什么？为什么保护它如此重要？就我个人而言，朱鹮和腔棘鱼的消失并不会让我感到特别困扰，甚至对于蚊子和蟑螂，我觉得它们倒不如灭绝了更好。在某种程度上，这种感受也可以理解。

退一百步讲，就算保护珍稀物种至关重要，各国和各地区也一直在积极开展自然保护工作，有必要特意将来自190个国家的代表、非政府组织和非营利组织，从世界各地召集到名古屋，再次强调保护生物多样性的重要性吗？

表层的理由如下。我们人类所有的衣食住行实际上完全依赖于其他的生物。比如衣服，无论棉花、丝绸还是麻，都是植物纤维制成的，而羊毛和皮革制品则是来源于动物。食品就更不用说了，不论是肉食者还是素食主义者，都将其他的生物作为食物。居住环境也是如此，木材自不必说，混凝土的原料石灰石则是由珊瑚和海洋微生物的尸骸堆积形成的。作为能源的石油和煤也都来自远古的生物，而化学纤维和塑料等化工产品同样源于此。

将我们通过呼吸排放的二氧化碳转化为可再次利用的碳水化合物，这是只有植物才能完成的工作。将我们的排泄物分解、净化后重新释放到环境中，这也要靠活跃在污水处理设施中的微生物们。如果没有各种生物提供给我们的服务，人类是无法生存的。

菊石和恐龙已经灭绝了。物种消亡、物种诞生都是自然法则的一部分，过去已经发生过无数次了。那么问题出在哪里？时间。到现在，我们逐渐意识到生物多样性消失的速度正在逐渐加快。曾经的速度是大约一千年才灭绝一种左右，现在据推测，已经变成了一年内消失四万种。在生态系统中，各种物种都坚守着各自的岗位，通过物质和能量的交换来维持地球的循环和平衡，即动态平衡。这张平衡之网上的洞越多（也就是物种越多），网就越坚固。在这其中，就连蚊子和蟑螂也各自承担着捕食者与分解者的责任。如果玩家的退场再这样急剧地持续下去，生态系统将可能像积木坍塌一样发生灭顶之灾。那就完全不是能够通过各国独立的保护来解决的问题了。

然而，凡事都有看不见的一层。我见到了COP10的马来西亚代表尼加尔先生。他如此说道："生物多样性是发展中国家固有的权利，而发达国家对其的肆意掠夺是一种不折不扣的生物盗窃。长期以来，发达国家利用发展中国家的生物资源制造药品或高附加值商品，从中牟取了巨额利润。例如类固醇、奥司他韦、抗癌药物等都是如此。因此，原本拥有这些资源的国家也应当有权利分享其中的利益，而COP10应该为此制定规则。"他的语气非常愤慨。

生物多样性的问题并不只是自然与人类的对立，其实质是人与人之间、国与国之间关于自然问题的对立。这与气候变化问题完全相同。可是，生物难道就是人类的私有物吗？尽管吃与被吃是自然法则的一部分，但其他生物不都是尽力地以共存为目标，守分寸地活着吗？

活跃的中国博士后

2010年，日本终于将GDP世界第二的位置交给了中国。

在科学界，也能感受到中国强劲的势头。发表在权威科学专业期刊上的论文作者一栏，会列举出参与项目的所有研究人员的名字。但最受关注的通常是第一作者（First Author）和责任作者（Last Author，或称为最后作者）的名字。实际上，在生命科学研究中，通常只有一个人承担某项目的实际工作，这是一项孤独的事业。贡献最大的人会成为第一作者，其次是参与协助者与合作者的名字，最后是领导研究室并筹集资金的老板的名字。

因此，在阅读新的论文时，看到第一位和最后一位的名字就能知道："噢，这是哈佛大学某某研究室的某某努力的成果。"

我在美国从事研究的那段时期，日本人表现得很活跃。在许多知名老板领导的实力型研究室背后，大多有日本的博士后（雇佣研究员）在支撑。即便没有见过面，看论文也能发现，这样的名字很多。日本人一向工作认真，一心扑在研究上。由于英语能力不是很突出，他们只能通过勤奋努力，用身体来证明自己的价值。看到这些第一作者的日本人名，我也暗自燃起了竞争的斗志。

然而，在近十年来，第一作者的名字突然变成了以X或Z开头的名字（我有点不会读）。这些是来自中国的博士后，他们比曾经的日本同行更加努力。

在哈佛做博士后研究期间，我的同事中有一位中国女博士后。她以顶尖的成绩从北京大学毕业，来到美国继续深造，绝顶聪明，而且极富上进心。

在从细胞中分离DNA的技术中，有一种叫作乙醇沉淀法，对于我们分子生物学家来说是基本技能中的基本。为了提取出纯净的DNA，通常在分离后需要用乙醇再次对DNA进行"冲洗"。我一向是按部就班的，每次都小心翼翼地执行这一步（有时候小心过头了）。然而，她却直接跳过这一步，直奔下个阶段。"咦，你不进行冲洗吗？"我惊讶地问道，她立刻回答："我没这个时间呀。"这是她的口头禅。她与另一位中国留学生结婚，已经是两个孩子的妈妈了。她非常清楚在哪些地方可以省事，在哪些地方需要小心谨慎，因此工作进行得非常流畅和高效，还能够收集到完整的数据。

如今，她已经成为美国西海岸一家知名研究机构的"老板"，领导着一个庞大的研究团队。

最近，我在阅读科学专业期刊时注意到，从头到尾作者都是中国人名的论文数量也在增加。留学生们在美国等地积累了经验和成绩后，选择回国创立自己的研究室，并逐步取得了成果。由于这种行为类似于回到出生地产卵的海龟习性，他们也被称为"海龟族"。中国也在积极推动海外人才回国计划，并提供了优厚的条件和待遇。据说，高速解读遗传密码的DNA自动测序仪最大的市场目前就在中国，尽管价格非常昂贵。

相反，我听说在日本，想要出国留学的年轻人正在减少。的确，在研究设备方面，美国已经不再具有显著优势。另外，据说还有一个安于国内的理由是，如果在博士后阶段选择出国，回到日本找工作可能会面临困难。在我们那个时代，出国接受历练并不需要那么多理由。不必思前想后，就是想要出去看看，亲身体验一下。

荣枯盛衰虽是世间常态，但一个国家的势头会在各种方面显露出来。

诺贝尔奖
难以捉摸

说起来,这行业就如同做媒一般。A先生和B女士彼此喜欢,但两人却都有些扭捏,一直不敢牵对方的手。媒人看透了两人的心思,于是先伸出右手,轻轻握住了A先生的手。

这种温柔的握手方式非常关键。虽然A先生不太可能主动向异性伸出手,但当媒人用一种"来吧来吧,过来一下"的方式把他拉过去的话,他就会犹犹豫豫地伸出自己的手。接着,媒人用空着的另一只手,同样温柔地拉起B女士的手。最后,将A先生和B女士的手拉到一起,让它们紧紧相握。随后,媒人就会装作不经意地悄悄离开。

2010年,铃木章、根岸英一和理查德·赫克三位博士凭借交叉偶联法荣获诺贝尔化学奖。他们揭示了"媒人=催化剂"的概念。为了引发A先生的兴趣,他们事先让他带上卤素类元素,又让B女士带上了硼元素。这些元素能够推或拉电子,自然地使A先生和B女士的心产生正负情感,为相互吸引做好了准备。

在这里,所谓的A先生和B女士的心指的是碳原子。无论是自然物还是人造物,这个世界上所有有形物体的基本骨架都是由碳原子链构成的,无论是棉花、丝绸、化学纤维、塑料,还是淀粉、油、蛋白质甚至DNA。因此，如何将碳与碳自如地连接在一起是化学中重要的课题。这三位化学家就研发出了能够自由实现这一目标的方法。

话虽如此，这样重大的发现并非一朝一夕之功，也并非仅靠三个人就能完成。回顾化学反应的历史，最早将钯这样的金属作为催化剂使用的先驱是东京工业大学的辻二郎教授，该尝试始于1965年。20世纪70年代初，京都大学的玉尾皓平教授发明了将镍作为催化剂的方法。京都大学在宇治有个毫无风情的理科校区，我有时在那条昏暗的长走廊里看到过玉尾教授（尽管他可能并不记得我）。

在那之后，获得这次诺贝尔奖的美国人赫克博士采用钯作为催化剂，实现了更高效的反应。不过，他的灵感来源于前一年东京工业大学沟吕木勉博士的论文。赫克博士的了不起之处在于，他在自己的论文中清楚地提及了沟吕木博士的论文，非常礼貌和谦逊。这个领域随后迎来了爆发性的发展，北海道大学的铃木教授和远渡美国的根岸教授都为此做出了重要的推动。

诺贝尔奖评审委员会虽然非常有眼光，但有时也显得有些冷酷无情，有时又让人难以捉摸。他们有时会执着于追溯到最早的"挖井人"，并将奖项颁给他（比如田中耕一教授，尽管实现了实用化的外国团队后来对此提出了异议），有时则更注重对"挖出水"的应用领域的评价,就像这次一样。

此外,由于每个奖项只有三个名额,因此很难确定人选。例如,"铃木反应"的正式名称其实是铃木-宫浦偶联反应,而在论文中也包含他学生的名字(宫浦宪夫教授是铃木教授当时的助手,也是研究室的继任者,但未能获奖)。如果候选人已故,则无法获奖(沟吕木博士就因早逝而未能获奖)。

真正伟大的发现背后往往伴随着时代的浪潮,本质上并不存在一等奖或二等奖。每个偶然遇到这股潮流的人都全力地互相支持,贡献出自己的一份力量。从这个意义上说,我对莲舫议员曾经提出的疑问产生共鸣——"第二名就不行吗?"

蛋白质的
大教堂

一般来说,蛋白质的研究者性格都比较细致,特别容易出小气鬼。这是一种职业病。

比如,要研究某种特殊激素或酶,首先必须将蛋白质以不掺杂任何杂质的纯净形式提取出来。然而,特定的蛋白质只存在于特定的细胞中,而且含量极少。因此,需要进行一系列反复的细致提纯过程。随着操作的不断重复,纯度一次次逐渐提高,但物质的量却在一点一点地变少。为了最大限度地回收宝贵的样本,将液体从一个试管转移到另一个试管里时,会用洗液再冲洗一次试管底部(这在日语里被称为"共洗"),以确保连最后一滴都不会被浪费。这种做法就像一个贪吃的人,不仅把汤喝得精光,还要用面包将碗底擦得干干净净一样。

不辞劳苦、费时费力地进行提纯工作,最终成功地将蛋白质纯化。接下来,是对其进行分析的时刻。这个瞬间特别令人紧张。研究者紧盯着分析仪器输出的氨基酸序列数据,目不转睛。

咦,有点奇怪,这个重复序列好像在哪里见过。一股不祥的预感涌上心头,研究者试图将其与已知的氨基酸序列数据库进行比对。当头一棒!这不是角蛋白质吗?!

这是真实发生过的故事（也是未来可能再次发生的故事）。角蛋白是我们人类身体上常见的一部分，大量存在于污垢、头皮屑，甚至指纹中。因此，如果不小心将一小片头皮误混入仅含微量蛋白质的试管中，那么由头皮屑产生的角蛋白质的含量可能比原有的蛋白质还要多。原本打算分析一种特殊激素，到头来却变成了分析自己。

角蛋白是由表皮细胞产生的纤维状蛋白质。它们像毛线一样缠在一起，形成坚硬的一束。细胞内会逐渐被角蛋白填满，最终形成的就是皮肤表面，这时细胞本身已经死亡，而这个过程被称为角质化。包括人类在内的动物，覆盖身体表皮的组织基本上都是由内部填满了角蛋白的死细胞构成的。皮肤、指甲、头皮屑都是如此。不同之处在于角蛋白的种类和重叠形式的差异。

在角蛋白创造出的作品中，最精致的莫过于头发了。在头皮以下的毛根部分，每根头发的根部都有许多呈同心圆状排列的细胞。细胞一边分裂，一边逐渐堆积起来，就像勃鲁盖尔画的巴别塔一样。不过，只有毛根的干细胞会分裂，所以与其说细胞堆积起来，不如说是从下往上一层一层逐渐被抬升。

被抬升的细胞逐渐被角蛋白填满，最终角质化并走向死亡。死后，留下了角蛋白的大教堂结构。虽然角蛋白是一种蛋白质，但由于它们形成了坚硬的束状，因此不容易磨损或分解。因此，古代的木乃伊身上有时会残留一些头发。由于是蛋白质，因此也可以对其进行加工。药剂能使角蛋白之间的结合变得松散，调整形状后使其再次结合，这就是烫发的原理。

所有的细胞都具备动态平衡的规律，有各自的更新周期。对于人的头发而言，其数量大约在10万—15万根，每一根都处在周期中的不同阶段。

今天洗头的时候，几根头发流进了浴室的排水口。

这就如同巴别塔一样，历经了时光的重重考验，角蛋白大教堂最终从根部轰然倒塌。据说毛发的更替周期约为2—6年，所以说在过去的几年里，它们一直是陪伴在我左右最亲爱的伙伴。

生命的双层膜

水与油。它们的性质截然相反,在日语中通常被用作比喻彼此完全不相容的两种东西。但实际上,在生命现象中,没有比它们更协调和互补的存在了。

细胞被一层极薄的膜包裹着,这层膜保护着细胞内的生命活动免受外界的影响。膜无比柔软,可以自由变形。你可以把它想象成气球,不过,气球被针等尖锐的东西一戳就破掉,而即使细小的针刺穿了细胞膜,它也不会破裂。更为奇妙的是,只要将针轻轻拔出,针孔就会自然地闭合,恢复原样。为什么会这样?这是因为细胞膜是由油组成的。

当往装满水的杯子里滴入一滴油时,油会立即扩散开来,并形成一个圆形浮在水面上。如果我们以微观的视角来观察此时的油,会看到许多火柴棒竖立在水中,紧密排列在一起。每根火柴棒都代表一个油分子。火柴头具有亲水性,因此朝向与水接触的一面。而杆的部分则具有疏水性,因此朝向远离水的一面,看起来就像是杆与杆在彼此靠拢。因此,油分子会保持这个方向,垂直地排列整齐,形成一层薄膜。

包裹细胞的膜是由两层这样的油膜叠加在一起构成的。而且叠加的方式非常巧妙,用微观视角观察细胞膜的断面构造时,会发现两层膜中的火柴棒都分别以头朝向外、杆朝内的方式排列在一起。你能想象出这样的画面吗？在外层膜中，火柴头与细胞外部的水相接，而杆朝向内；接下来是内层膜的火柴杆，它们的头朝内，与细胞内部的水相接。

这种双层膜结构非常稳定。每一根火柴棒所代表的油分子由于两侧都与水接触，所以不容易上下移动。换句话说，火柴棒既不会突出细胞外，也不会插入细胞内。然而，尽管火柴棒保持着上下（垂直）方向的稳定性，它们却可以在左右（水平）方向上自由移动。火柴杆之间互相接触，也可以自由地交换位置。

因此，就像一开始提到的那样，即使尖针之类的锐物扎穿了双层油膜，它也只会沿着火柴杆穿进去而不会伤及火柴棒本身。因此，当拔出针时，火柴棒们会重新凑到一起，填补刚刚的缝隙。因此，双层膜在结构上非常柔软。

正因为如此，细胞才能够自由地改变形状并到处移动。当细胞像变形虫一样运动时，细胞膜也正以惊人的速度流动着。换句话说，火柴棒排队移动着。即便在这种情况下，火柴头—杆—杆—头的关系仍然保持稳定。

从化学的角度来看，亲水性的火柴头由磷酸构成。因此，在生物的生长发育过程，磷元素是必不可少的。这一点不仅限于动物，植物也同样需要磷作为肥料。

而疏水性的杆则由碳连接而成。这部分在杆与杆聚拢在一起时相对稳定，面对贯穿等较强的物理性力量时也非常坚固。然而，如果将火柴棒一根一根分开，其抵抗氧化和分解等化学变化的能力就会减弱。这就是为什么对于生命而言，具有强氧化性的活性氧会构成威胁的原因。

此外，汗臭、腋臭、脚臭或体臭，几乎都是由"火柴杆"折断产生的短链脂肪酸引起的。感觉到臭味，实际上是人感知到细胞膜受损，因此，臭味其实具有相当重要的生物学意义。

樱花绽放

一位女性朋友曾告诉我这样一件事。她在北国长大，每当冬天即将结束时，她总是会望向窗外苍凉而广阔的寒冷山峦，在那里挑选出一棵"自己的树"。从那以后，每天早晨太阳升起后，她都会看一眼那棵树再去上学。

随着时间一天天的推移，那棵树的表情也在不断变化。尽管一片叶子都没有，只有细细的树枝，但整棵树却看起来仿佛正在膨胀，好像还微微泛着点红色。终于等到了冒芽的时候，满树鲜嫩的新芽仿佛是在短短的一瞬间，齐刷刷地出现了。那一天，她也迎来了春天。她的感受就是这样的。

虽然我没有这样一棵美妙的树，但我家门前有一棵巨大的樱花古树。正当这篇专栏文章刊登在《周刊文春》上时，东京的樱花即将盛开。此后，樱花前线将以周为单位一路向北逐渐推进。那么，为什么我们能像这样如此准确地预测樱花的开花时间呢？这需要了解樱花开花的机制。

樱花并非在感知到天气变暖、春天来临后才开始准备开花。为开花做准备，是在前一年的夏季，六月左右的时候。樱花绽放，一时间人人都在欣赏和赞叹这个美好的季节，但在飘落之后，樱花就会被人们遗忘。但实际上，就在花瓣凋零后，长出茂密绿叶的时候，樱花已经悄悄地开始为下一年的绽放做准备了。

植物的芽尖端细胞分裂最活跃的部位，被称为生长点。当绿叶茂盛时，生长点会努力生长叶子，并积极地进行光合作用。然而，为了形成花朵，生长点中的一些细胞会经历特殊的分化过程。分化是指细胞逐渐发展出特定功能的过程。用于形成花朵的细胞群称为"花芽"。一旦花芽长成，就会暂时停止生长，进入休眠状态。在整个秋天到冬天期间，花芽都会默默地忍受着寒冷，并记录着寒冷的天数。

在这个阶段，经过一段时间、一定程度的低温是至关重要的，因为只有经历了这个过程，花芽才会被再次激活。因此，对于寒冷程度不够的暖冬或一年四季气候都很温暖的地方来说，樱花是无法美丽地盛开的。

花芽被重新激活，这次则开始数温暖的日子。气温如果低于15摄氏度，就会放慢速度，如果高于15摄氏度，就会加快速度。就这样，花蕾逐渐膨大起来。此时，通过观察温度变化和花蕾状态，就能推测和计算出开花的时间。

此外，樱花之所以能够同时盛开，还有另一个原因。那就是因为给日本的春天染上温柔色彩的"染井吉野樱"这一樱花品种，是从同一棵树上通过扦插繁殖并扩散到全国的"克隆"樱花。

染井吉野樱是在江户时代通过两种不同种类的樱

花,即江户彼岸樱和大岛樱的杂交偶然诞生的。类似于狮子和豹子杂交生下的豹狮兽,染井吉野樱是第一代杂交种。第一代杂交种偶尔能够存活,但通常缺乏孕育下一代的能力。染井吉野樱也是如此,即使花蕊上沾了花粉,也无法结出种子。因此,染井吉野樱是结不出樱桃的。(即使偶尔能看到它结出一种小果子,那也是由于另一种山樱的花粉被风吹了过来而产生的,而即便是这种情况,也长不出能发芽的种子。)

尽管樱花背负着这样的宿命,但它们也知道季节总会轮回。无论夏天有多么炎热,冬天有多么寒冷,春天总会到来的。因此,它们会做好充分的准备。

对于染井吉野樱来说,开花就只是开花。开出的花不会结果,被称为"谎花"。但生命的意义并不仅仅在于繁衍下一代,我是这样认为的。生命的价值来自接受自己被赋予的东西。千树万树一同盛开的樱花看上去坚韧而无畏,正是因为这个原因。

自然主义宣言

在日本，春天是学校的新学年开始之时。挥别毕业生，迎来新生的入学。在美国等许多国家，学校的开学时间通常是秋天，因此有人建议日本的学校也应该顺应这个时间。但是，我仍然认为日本将春天作为毕业和入学季的习惯是很不错的。春天，虫子从冬眠中苏醒，蠢蠢欲动，越冬的蛹中钻出了羽化后的蝴蝶，樱花盛开。在大自然的轮回中，春天是一切开始的季节。

2011年，受到"311"大地震的影响，许多大学取消了大规模的毕业典礼。我所在的大学也只是举行了简单的仪式，在专业内部向毕业生颁发毕业证书，之后举行了欢送会。这是我与学生亲密交谈的最后机会。

平时我对待学生的态度，如果硬要归类的话，可能属于较为冷淡的一方。我刻意保持一定的距离，控制自己不过分地对他们指手画脚。我认为一旦确定了研究方向，那么"学习"这件事就意味着应该自己学着去思考、去烦恼、去解决问题，除此之外别无捷径。

我认为即使是理科，学生在大学应该掌握的东西也不一定是实验研究的技术或技能。倒不如说，在按照指南手册进行不下去的时候（新的研究基本上没法按照手册做下去），学会找到问题所在，以及寻找解决方法的线索，经历这样的过程才是有意义的。这样所获得的不是单纯的方法和技能，而是理念和立场。

另外，不能让大学沦为特定职业的技能培训机构还有另一个理由。近年来，学生们并不会靠在大学学到的专业知识找到直接对口的工作，这种倾向越来越强。

在大学里，有些优秀理科生在实验研究上表现得非常努力和出色，但对于科研本身并没有太多留恋，而是从咨询、金融、智库、出版等企业拿到了内定。虽然也有就业难的原因，但现在的学生对于自己的未来大多有着非常灵活的打算。这也是因为他们拥有"无论去哪儿都能干得不错"的自信，让人感到很放心。

和这样的学生聊天时，他们会告诉我一些令人意外的事情。

有一个男生，把找工作时刚认识了5天的女孩处成了"女朋友"。（虽然我不太清楚"女朋友"的定义是什么，但既然他讲得如此自豪，肯定是努力了一把。）

还有一个即将加入外企的女学生，由于有几个月的空档期，所以她正在准备前往伦敦生活。（真是人生中的悠长春假啊，羡慕。）

另外，还有一个学生在书店打工时被分配到成人区，结果成功将销售额翻了一番。（因为书店位于大城市的卫星城,所以经常出现办公室系列和熟女系列。)哇,你们还真是学到了不少东西。

其实,我自己也是在2011年的春天从理科教授一职"毕业",并决定转到同一所大学内的文科方向。

一直以来,我一直在杀死老鼠、粉碎细胞、剪切和粘贴基因,也学到了不少东西。但我希望今后不仅仅是进行微观的分析,而是从更全面、整体的层面来思考生命,在文化与社会的关联中加深对生命的理解。

最初,我是个热爱昆虫的少年,崇拜过法布尔、杜立德医生和今西锦司。他们称自己为"自然主义者"。现在,我意识到自己也想稍微改变一下生活方式,从分子生物学家做回一名普通的生物学家,回归到自然主义者的行列。

时值春天,我相信结束中总有新的开始。虽然只是微不足道的一句话,但这正是福冈博士我的自然主义宣言。

后记

（续前言）

就像用旋钮调节亮度的台灯一样，我的心情变得灰暗。是时候回去了。我按下了"下行"按钮，等待电梯的到来。电梯发出嘎吱嘎吱的声音，从楼下缓慢地爬了上来。

就在这时，我突然想到医院大楼虽然经过了大规模的翻新和改造，但外观基本被保留了下来，所以那些支撑结构的柱子和横梁可能还是原来的样子。如果是这样，即使电梯设备更新了，电梯井的位置也应该没变。要确定坐标，首先需要确认自己所在的位置。

我坐电梯下到了一楼。深吸了一口气，然后闭上了眼睛——伸一，你是一名博士后。现在是1988年夏天。今天，你也要去医院大楼五楼的实验室。你的心情并不是很好，因为最近实验进展得不太顺利。但是只能努力。研究上的困难，只有通过继续研究才能解决。

我按下了五楼的按钮。写着"5"的橙色灯亮了起来，电梯在嘎吱声中缓缓上升。随着"叮"的一声，电梯停了下来。五楼到了，门缓缓打开。但我并没有睁开眼睛，而是在脑海里按照楼层图将房间一个个摆放好。

走出电梯，右手边就是分配给我的实验室。低矮的实验台面向着墙壁，包着白铁皮的水槽锈迹斑斑。窗外是四楼的屋顶，更远处可以看到东河的一部分。实验室最里面有一扇门，通向另一个房间。穿过那扇门就是前厅，旁边是老板的办公室。再往下一间是没有窗户的材料储藏室，我经常去那里取器具。旁边应该还有一个用于冲洗照片的小暗房。建筑物的一隅挤满了密密麻麻的小房间。

在储藏室和暗房之间，我清晰地记得有一扇小门。我转动把手，门吱嘎一声打开。那是一个阴暗而狭窄的空间，没有窗户，但有微风吹过。那是从楼下吹到楼上的风。

那里有一条细长的螺旋楼梯，宽度只够一个人上下。从扶手望向中间的空洞，可以看到一圈一圈的螺旋一直向下延伸，形成同心圆的形状。仰头看去也是一样，一圈一圈盘旋上升，形成一个同心圆。由于光线太暗，看不清楚它的尽头。仔细观察会发现，螺旋不是正圆形，而是稍稍有些歪斜的椭圆。四周有一些电灯发出朦胧的微光。这种地方为何会隐藏着这样一条小小的螺旋楼梯呢？

大概是建筑物中设置的紧急逃生楼梯吧。楼梯是金属制的，漆成浅绿色，但由于岁月的流逝几乎已经完全褪色。不过，用螺栓固定的楼梯本身还很牢固，走上去会发出当当的脚步声。

我开始不为人所知地上上下下地走着这条楼梯。没人会遇见我，也没人会注意到这条隐秘的楼梯。有趣的是，顺着螺旋楼梯往下走或往上走，打开狭窄平台上的小门，就会从黑暗的世界突然穿越到明亮的世界，在眼前看到意想不到的景象：其他研究小组的实验室一角，办公室的角落，病房层的破烂房间。这条细长的螺旋楼梯将毫不相关的东西连接在一起,而这种连接为我带来了一些微小的发现。

我回到了现实。我从包里拿出笔记本和铅笔,然后以电梯为起点,试着画出刚刚在脑海中再现的平面图。实验室、老板的办公室、储藏室、暗房……

我发现,脑海中的景象和眼前所见开始逐渐融合在一起。显然,新的侧楼和走廊是将我们过去称为公共实验室的区域拆除后,在原有结构的基础上延伸出的走廊,并在两侧的四楼屋顶上新建了五楼。

我就像一个戴着夜视镜的士兵,凭借一点点隐约可见的线索,在黑暗中小心翼翼地前进。我一边对比着我绘制的过去的布局图和当前结构,一边慢慢地往前走。我们老旧的实验室,总是在深夜依然亮着灯的老板办公室,材料储藏室,还有暗房。

我走在地毯上,靠近了排列在漂亮木纹墙壁上高高的书架。突然,我的目光落到了一个奇怪的地方——墙上居然有一个小小的黄铜门把手,就在曾经的储藏室和暗房之间。那是一整面装饰墙,上面藏匿着一扇不仔细看就很难发现的小门,门上还装着把手。没错,就是那扇门。我的心激动起来。周围一个人也没有,我轻轻转动把手,但它被牢牢锁住了。

不知怎的,我的心情突然变得愉快起来。接下来需要尝试的事情显而易见。我坐电梯下到四楼,然后向右走,走到尽头往左拐。结果发现是个死胡同。不过没关系,这里正是楼上装饰墙的正下方,果然有一扇又小又旧的门。我拧了一下门把手,门就开了。里面漆黑一片。铁制的平台,然后是细长的螺旋楼梯。那条螺旋楼梯和二十多年前一模一样,被静静地封存在这里。

我蹑手蹑脚,顺着楼梯慢慢地往上爬了一层,到了五楼。那里有一扇门。我知道它被锁着,我也知道门后面是什么。还有,二十多年前,我确确实实曾在这里。

我重新发现了时间隧道。螺旋楼梯一直向下延伸,也一直向上延伸。每旋转一圈,都会经过一个狭窄的平台,那里有一扇小门。我顺着楼梯上上下下,轻轻地试着打开这些门。在这个空间里,尽管现在一些事物几乎已经消失,但仍留有曾经存在过的某种痕迹。螺旋楼梯的循环将这些碎片连接在一起。我追随着它,写下了这本书。

记忆是一条神奇的螺旋楼梯。

产品经理：张宝荷
视觉统筹：马仕睿 @typo_d
印制统筹：赵路江
美术编辑：梁全新
版权统筹：李晓苏
营销统筹：好同学

豆瓣 / 微博 / 小红书 / 公众号
搜索「轻读文库」

mail@qingduwenku.com